"畅游厦门园林植物园"丛书

本书主编　丛书主编　厦门园林植物园
张真珍　张万旗
潘甘杏　梁育勤

奇趣植物区

海峡出版发行集团 THE STRAITS PUBLISHING & DISTRIBUTING GROUP｜鹭江出版社

2022年·厦门

图书在版编目（ＣＩＰ）数据

厦门园林植物园奇趣植物区 / 张真珍，潘甘杏主编
. -- 厦门 ：鹭江出版社，2022.11
（"畅游厦门园林植物园"丛书 / 张万旗，梁育勤
主编）
ISBN 978-7-5459-1928-8

Ⅰ．①厦… Ⅱ．①张… ②潘… Ⅲ．①植物园－植物
－介绍－厦门 Ⅳ．① Q948.525.73

中国版本图书馆 CIP 数据核字（2022）第 198556 号

"畅游厦门园林植物园"丛书
XIAMEN YUANLIN ZHIWUYUAN QIQU ZHIWU QU
厦门园林植物园奇趣植物区
丛书主编　张万旗　梁育勤　　本书主编　张真珍　潘甘杏

出版发行：鹭江出版社
地　　址：厦门市湖明路 22 号　　　　　　　　邮政编码：361004
印　　刷：厦门金明杰科技发展有限公司
地　　址：厦门市同安区新民镇集祥西路 2 号 1-2 层　　联系电话：0592-5987091
开　　本：787mm×1092mm　1/16
印　　张：9
字　　数：95 千字
版　　次：2022 年 11 月第 1 版　　2022 年 11 月第 1 次印刷
书　　号：ISBN 978-7-5459-1928-8
定　　价：68.00 元

如发现印装质量问题，请寄承印厂调换。

"畅游厦门园林植物园"丛书编委会

顾　　问：陈榕生　陈恒彬

主　　任：张万旗

副主任：蔡邦平　刘维刚　邢元磊

编　　委（以姓氏拼音为序）：

　　　　蔡长福　陈伯毅　陈　琳　陈松河　陈盈莉　谷　悦

　　　　李兆文　梁育勤　刘　隽　潘甘杏　阮志平　王芬芬

　　　　张凤金　张艺璇　张真珍　周　群　庄晓琳

《厦门园林植物园奇趣植物区》编写组

编　　写（以姓氏拼音为序）：

　　　　陈伯毅　陈　琳　陈盈莉　赖楚悦　李丹红　梁育勤

　　　　林　琳　吕燕玲　潘甘杏　阮美娜　魏道劲　张秋月

　　　　张真珍　庄晓琳

摄　　影（以姓氏拼音为序）：

　　　　陈伯毅　陈恒彬　陈　琳　陈永健　赖楚悦　王金英

　　　　张真珍　朱敬恩　庄晓琳

绘　　图：林子彦

序

　　厦门市园林植物园始建于1960年，是福建省第一个植物园。60多年来，厦门市园林植物园以热带、亚热带植物为主，从世界各地引种、栽培了8600多种（含种下单位及品种）植物，建设了15个专类园区，成为自然景观优美，生态环境优良，人文资源丰富，集科研、科普、旅游、生态保护和城市园林示范等功能于一体的国内知名植物园。

　　作为"国家保护生物多样性示范基地"，厦门市园林植物园的科研工作取得了丰硕的成果，尤其是多肉植物、棕榈植物和三角梅等的栽培与应用，在业界一直享有盛誉。

　　作为"国家级科普教育基地"，厦门市园林植物园开展了内容丰富、形式多样的科普教育工作，开发了多个主题鲜活，兼具科学性与趣味性的科普活动品牌，组建了一支高素质的科普志愿者团队……可以说，厦门市园林植物园为丰富城市文化生活，促进科学普及推广，提升公众科学素质作出了可贵的探索，也取得了有目共睹的成绩。

　　组织编写"畅游厦门园林植物园"丛书，是厦门市园林植物园普及科学知识，提升公众科学素养的一个举措。这是一套以介绍植物科学和文化为核心内容，将自然科学知识和人文知识合二为一，兼具科普和导览功能的图书。因此，这套丛书既是介绍厦门市园林植物园内现有植物的科普读物，又是解读各专类园区的导览手册。对热爱自然，喜欢植物的人来说，它就像是开启植物宝库的一把钥匙，让人们见识到植物世界的瑰丽与神奇。

期待丛书早日付梓！

陈振兴

2022年5月8日

前　言

　　始建于1960年的厦门市园林植物园，是国内少有的建于城市中心区的植物园，也是国家首批AAAA级旅游区、鼓浪屿—万石山国家级重点风景名胜区的重要组成部分。作为一家集自然景观、人文景观、植物造景于一体，在国内享有盛誉的植物园，厦门市园林植物园既是本地市民十分喜爱的户外休闲活动场所，也是省内外许多旅游团"钦定"的景点，更是小红书、马蜂窝、携程等各大热门App推荐的"厦门网红打卡点"，每年的游客量高达数百万人次。

　　厦门市园林植物园建园60多年来，从世界各地引进栽培植物8600多种（含种下单位及品种），栽植在各个专类植物区里，建成了多个景观优美、科学内涵丰富的专类园区。园区内的每一棵植物都有着自己的故事，有的远渡重洋，在厦门安家落户；有的见证了厦门市园林植物园的某个重要时刻；有的代表了特定的植物文化；有的展示了植物的特殊行为；有的则体现了植物的智慧……

　　为了把厦门市园林植物园各大专类园的建设创意，以及专类园里栽培的新奇有趣的植物介绍给广大游客，实现植物园的教育功能，提升游客的游览体验，我们策划了"畅游厦门园林植物园"系列丛书。丛书以厦门市园林植物园的专类园区为切入点，以图文并茂的形式，向读者介绍各个专类园区的主要历史人文景观、自然景观以及特色植物，着重介绍植物科学知识和植物文化知识。植物科学部分介绍植物的中文名、学名、科名，以及对该植物的形态描述等，其中，被子植物的科名采用被子植物系统发育研究组系统（APG Ⅳ），裸子植物的科名采用克里斯滕许斯裸子植物系统，蕨类植物采用蕨类植物系统发育研究组系统（PPG Ⅰ）；植物文化部分主要介绍该植物与厦门市园林植物园之间的小故事、植物趣味科学知识、植物的文化内涵等。值得一提的是，本系列丛书相当于厦门市园林植物园各专类园区的自助导览手册，每一分册都为所介绍的专类园区制作了一张手绘导览图，沿着最佳游览路线，按顺序为读者标注书中所介绍的植物。读者手执图书，就可以按图索骥在园区里找到相应的景点、植物，从而加深对景物的认知，在寻找、学习的过程中增强热爱植物、热爱自然、保护自然的意识，进而推动全社会生态文明建设共识的形成。

本丛书的编撰在编委会全体成员的鼎力支持下完成，同时得到了厦门市园林植物园创始人陈榕生先生、厦门市园林植物园原副总工程师陈恒彬老师的指导，以及李振基、顾垒、史军、王康四位植物科普专家的审校，厦门市教科院中学生物教学研究前辈魏道劲老师也为每个专类园作词，在此深表谢意！

莺啼序·花海放歌
——厦门市园林植物园礼赞

魏道劲

嘉禾鹭乡宝地，构园林乐土。
六十载、地覆天翻，历经多少烟雨。
如今是、蜚声世界，名闻植物基因库。
已然成，科普景区，观光门户。

遥想当年，艰难创业，怎含辛茹苦。
莽丛岭、万笏千岩，开山平坡修路。
广搜罗、八方引种，众花草、精心培护。
绘蓝图，规划区分，殚精谋虑。

背依五老，俯瞰九龙，双溪长流注。
看漫岭、树连天界，翠溢石湖，古刹钟鸣，百卉香吐。
棕榈篁竹，松杉多肉，琳琅专类添奇趣，课题研、驯化臻新誉。
珍稀育保，自然兼具人文，游客留连朝暮。

前驱慧眼，后继倾情，更献身接续。
莫能忘、英才睿识，远瞩高瞻，政府支持，侨胞鼎助。
椰风海韵，南疆生色，蔚然绿肺岛城出，上层楼、再把辉煌谱。
输诚礼赞词吟，胜友相招，共偕欢旅。

多丽·奇趣园觅趣

魏道劲

四时春。满园奇趣生频。
物华韶、广搜博采，世间瑰宝缤纷。
镇中居、肖形弥勒，干肥鼓、雄踞轮囷。
古木桫椤，傣乡坡垒，草花林树尽稀珍。
百千种、丛分巧布，移步长听闻。
游人惬、流连忘返，动魄迷魂。

引樵溪、潺湲水绕，凫池飞瀑罗陈。
建玻房，食虫绿植，海棠馆、俱蓄凉温。
薇蕨菠萝，青藤兰蕙，叶偏卉怪配芸芸。
室内外，觅寻探秘，绮境胜瑶琨。
更叨念，相思红豆，历久情存。

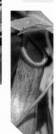

目 录

万笏朝天

厦门市园林植物园概况●

　　厦门市园林植物园始建于1960年，俗称厦门植物园、万石植物园，是鼓浪屿—万石山国家级重点风景名胜区的重要组成部分、首批国家AAAA级旅游区（点），也是福建省第一个植物园。园内汇集了植物造景、自然奇观和人文胜景三大特色景观，是闽南地区久负盛名的旅游观光胜地，也是国内知名植物园之一。与国内众多植物园相比，厦门市园林植物园有着独特、丰富的自然景观和历史人文景观，且紧邻市中心，这一优势和特点为其他植物园所罕见。厦门市园林植物园植物景观丰富多彩，自然景观优美，生态环境良好，科学内涵丰富，是一个集植物物种保存、科学研究、科普教育、开发应用、生态保护、旅游服务和园林工程等多功能于一体的综合性植物园，是进行植物学相关研究的重要场所和基地，也是以植物学知识为主的科普园地，拥有"国家级科普教育基地""国家保护生物多样性示

太平石笑

范基地""福建省首批科普旅游定点单位"等称号。

一、自然条件

厦门市园林植物园位于厦门岛南部的万石山上，园内山峦起伏，奇岩趣石遍布，山岩景观独特，摩崖石刻众多，涵盖山、洞、岩、寺等景观，拥有"万石涵翠""太平石笑""天界晓钟""万笏朝天""高读琴洞"等诸多厦门名景，郑成功杀郑联处、郑成功读书处、澎湖阵亡将士台、樵溪桥等省、市级文物保护单位，以及天界寺、万石莲寺、太平岩寺等闽南名寺，是风景名胜荟萃之地。

厦门市园林植物园内还有湖、溪、泉、涧等丰富的水资源，主要水系樵溪和水磨坑溪从东至西贯穿全园。源于五老峰北麓的樵溪蜿蜒曲折，流过紫云岩，经百花厅后进入西北部的万石湖，而水磨坑溪则

万石涵翠

象鼻峰

从太平岩寺流经中岩寺、万石莲寺、蔷薇园，进入万石湖。位于园中心山顶位置的西山水库，也滋养着中部山水。园内另一重要水体是南部的东宅坑水库，它是厦门市园林植物园南门景区的重要组成部分。

厦门地处北回归线边缘，东濒大海，属南亚热带季风海洋性气候，冬无严寒，夏无酷暑，终年气候温暖，雨量适中，是进行植物引种栽培、种质资源保存、生物多样性保护和优良园林植物推广工作的重要基地。

良好的气候条件与丰富的水资源，为厦门市园林植物园的景观建设提供了得天独厚的条件。利用从世界各地引种来的众多热带、亚热带植物，厦门市园林植物园现已建成裸子植物区、南洋杉疏林草坪、竹类植物区、雨林世界、药用植物区、藤本植物区、多肉植物区、奇趣植物区、棕榈植物区、姜目植物区、百花厅、山茶园、花卉园、市花三角梅园等多个专类园区。各个专类园区因地就势，合理配置各种乔木、灌木、草本植物，结合山、水、石以及地形地貌，营造出一

裸子植物区

百花厅

南洋杉疏林草坪

棕榈植物区

雨林世界

多肉植物区

姜目植物区

花卉园

市花三角梅园

藤本植物区

奇趣植物区

蔷薇园

个极富生物、生态多样性，兼具公园外貌与科学内涵的园容园貌，致力于追求自然、古朴、野趣和"虽由人作，宛自天开"的意境。

二、历史沿革

20世纪50～60年代，厦门人民响应国家号召，掀起一波又一波兴修水库的运动。1952年，万石岩水库开始修建，汇樵溪、水磨坑溪于一湖，是一座以景观和绿化用水为主的小型水库。水库周边有一个由厦门市园林管理处管辖的苗圃，以及当时的"公园公社"管辖的一些个人花圃，后来由厦门市园林管理处统一收编，成立"厦门花圃"。"厦门花圃"以生产盆栽花卉为主，拥有一定数量的植物及栽培人员。

万石山紧邻市中心，交通便捷，区位优势明显，景色优美，适合兴建可供公众游憩休闲，且具植物科学研究功能的植物公园。1960年，经当时的厦门市市长李文陵批准，以万石山上的"厦门花圃"为基础，开始初步划定园区，筹建植物公园，并从杭州、上海、广州等地引种植物。1961年派人驻广州考察并获取中山大学康乐植物园的植物名录一册，同时引回数百种植物，丰富了园林植物种类，并得到福建省林业厅与国家林业部的重视和支持，合作建立了"福建省厦门树木园"。1962年，国家林业部部长罗玉川访厦，对厦门树木园的工作极为重视和支持，委请北京林学院园林系专家李驹、孙筱祥、陈有民、陈兆麟等人，组成规划、设计专家组，设计勾画了园林植物园雏形，并开始有计划地进行热带植物的引种和建园工作。"文革"时期，厦门树木园一度处于混乱停顿状态，绿化建设遭受严重的破坏，建成区、引种圃的花草树木损失了70%以上。直到1972年以后才重整旗鼓，恢复引种驯化工作，并根据当时国家城市建设管理局的意见，将园名定为"厦门园林植物园"。1981年，著名作家茅盾先生题写了园名"厦门园林植物园"，后刻于西大门入口处。

1985年5月，厦门市城乡建设委员会发文将园名改为"厦门市万石植物公园管理处"；1987年1月，厦门市政府正式出文核发了总面积为227公顷的用地红线；1999年1月，中共厦门市委机构编制委员会同意园名改为"厦门市园林植物园"；2005年8月，厦门市政府正式出文将厦门市园林植物园的红线范围扩大至493公顷。

三、规划布局

1993年，厦门市园林设计室与厦门市园林植物园共同编制了《厦门市园林植物园总体规划（1993—2012年）》，同年通过了以陈俊愉院士为组长的评审专家组的技术鉴定，获得了充分肯定和高度评价，这是我国较早编制且较完善的植物园总体规划之一。

该规划综合考虑地貌特征和景观特色等要素，将全园分为万石景区、紫云景区和西山景区三个景区。其中，万石景区以湖光山色为依托，以争奇斗艳的热带植物和园林建筑为基调，糅合金石园（新碑林）、醉仙岩等摩崖石刻，以及宗教寺庙的自然、人文景观，并配套必要的旅游服务设施，以植物科普和游览观光为主要功能；紫云景区幽深雅静，从人工热带雨林景区开始，以水生植物区为主体，拓展藤本园、灌木园、鸣翠谷，并延伸到五老峰，创造良好的生态环境，其功能侧重于满足人们重返大自然的心理需求；西山景区坡缓地多，土层深厚，为全园土地条件最佳区域，以香花植物保健区、观光果园、花卉生产示范区为基础，重点建设大型温室群、荫棚区、引种驯化区等，以满足植物园引种驯化和科研科普、生产的宗旨，兼有度假、休息、疗养功能。每个景区都包括若干小区，秉承"保护环境、合理开发、永续利用"原则，以完善万石游览观光核心景区，改造紫云休闲景区，开发西山引种驯化和科研生产中心景区为目标，建设并完善各专类园及配套设施，努力建成国内一流、国际知名的南亚热带大型植物园。

该总体规划的编修，为景区的建设和开发指明方向，提供依据，在科学保护景区风景名胜和自然资源、抚育风景区生态环境、维护生物多样性、强化景区特色、提高风景区品牌形象等方面都发挥了积极作用。

四、作用与影响

厦门市园林植物园建园60多年以来，始终秉持、肩负物种保存、园林应用、科学研究、科普教育和生态旅游的初心、使命，以热带、亚热带植物为主，建成了自然景观优美，人文景观丰富，集科研、科普、旅游、生态保护及城市园林示范等功能为一体的综合性植物园，在国内外具有较高的知名度和影响力。

厦门市园林植物园是隶属城建系统的植物园，其重要作用之一是为城市园林和绿地建设服务，即通过引种、驯化，不断丰富观赏植物种类，通过植物景观和造园示范，供城市绿地建设借鉴，以及研究解决城市绿地建设中的具体难题。作为引种驯化和园林建设示范基地，厦门市园林植物园充分发挥了应有的作用，不仅在我国首次引种了著名食用香料植物香子兰以及新西兰麻等观赏和经济植物，在福建省首次引种成功并推广了优质、高产的栲胶植物——黑荆树，还引种成功并推广了棕榈科、南洋杉科、秋海棠科、凤梨科等园林观赏植物，选育出多个三角梅新品种，建成了国家棕榈植物保育中心、国家三角梅种质资源库。60多年来，厦门市园林植物园共引种栽培植物8600余种（含种下单位及品种），是国内植物物种多样性最丰富的植物园之一。厦门市园林植物园还承担了厦门市、福建省、国家科技部多个项目与平台的建设，许多研究成果达到国内领先、国际先进水平，为厦门市园林绿化水平的提升起到了积极作用，并多次代表厦门市或福建省参加国内外各种园林、园艺博览会展，屡获大奖，为厦门市获得不少荣誉。

厦门市园林植物园作为国家级科普教育基地，充分发挥自身资源优势，挖掘科学内涵，开展具有植物园特色、形式多样、常态化的科普教育活动，并开创了多个科普活动品牌，丰富城市文化生活，促进

2007年第六届中国（厦门）国际园林花卉博览会厦门园获室外展园大奖

2013年第九届中国（北京）国际园林博览会福建园获室外展园综合奖大奖

科学普及推广，为提升公众科学素质作出贡献，取得了良好的社会影响。园内还曾接待邓小平、胡锦涛、朱镕基等党和国家领导人，不少国外政要曾来园视察、游览，有的还在园内植树纪念。1984年，邓小平同志在南洋杉草坪亲手种植了一株大叶樟，为园区添辉增色。

中小学生参观邓小平植树处

科普志愿者为学生团队讲解

白花异木棉

　　奇趣植物区位于百花厅东北侧，面积约23500平方米，于2016年2月正式开放。奇趣植物区堪称精华浓缩版的植物园，这里展示了厦门市园林植物园多年来引种、收集的200多种珍稀奇特植物。有耍尽花招诱捕昆虫的食虫植物，有夜间盛装飞舞的棋盘脚树，有世界上木材密度最小的轻木，有能改变人类味觉的神秘果……还有不少国内一、二级重点保护植物和世界濒危植物。

奇趣植物区内建有轻巧简洁、自然生趣的秋海棠馆和食虫植物馆，为公众展示了珍奇有趣的植物，让游客不能不惊叹植物世界的神奇。秋海棠馆里，可以看到花叶共赏的秋海棠科植物，种类多达60个，其中不乏国内外罕见的种类，如荷叶秋海棠、皱叶秋海棠、红纹秋海棠、巴西变色秋海棠等。在食虫植物馆，不仅可以看到瓶子草、猪笼草、捕虫堇等食虫植物，还可以观赏到凤梨科植物、热带兰科植物等。

奇趣植物区跌水景观

奇趣植物区秋海棠馆

　　除了特色植物，奇趣植物区还拥有独特的自然及人文景观，在这里可以看到厦门岛内仅存的大型明墓——叶义官墓；巨石相叠的"鲤鱼洞"；还有民国期间的"打虎洞"。厦门市园林植物园两条主要水系之一的樵溪，从奇趣植物区穿过，区内点缀有亭榭、池沼和人造瀑布，流水潺潺，满目葱茏，如置身于世外桃源，令人流连忘返。

　　本书将为大家讲述奇趣植物区的奇闻趣谈，带领大家一起畅游奇趣植物区。准备好了吗？现在就出发……

人文景观

RENWEN JINGGUAN

1 鲤鱼洞

奇趣植物区的秋海棠馆后侧，有巨石相叠而成的多个天然石洞。这里游人罕至，植物茂盛，别有洞天，一走进此处，就能感受到丝丝凉意。

最显眼的石洞名为"鲤鱼洞"，正面洞口的岩壁上有行书横题"过化"二字。"过化"出自朱熹《论语集注》的"圣人过化存神之妙"，意思为圣人所经之处，人人都受到感化。当年溪水漫过这方石头，往山下流去，经今中山公园一带入海。石头在溪水中时隐时现，如鲤鱼跳跃，洞前岩石上还留有石刻"鲤跃樵溪"四字，因此这里的"过化"二字，也引申为鲤鱼跃过此处幻化为龙的意思。如今樵溪早已改道，只留下这块形似鲤鱼的石头。

鲤鱼洞

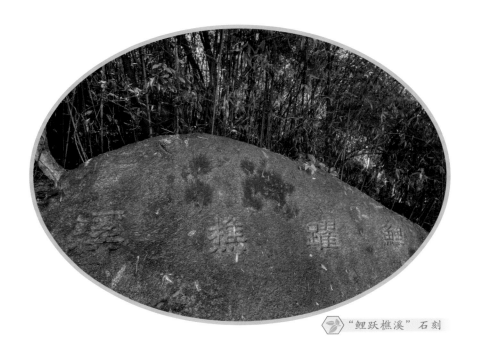

"鲤跃樵溪" 石刻

"恍桃源" 石刻

"鲤洞主人"石刻

　　鲤鱼洞口左侧石壁上，有"鲤洞主人"这四字的行书直题石刻，内容出自王羲之《兰亭集序》的其中一段，共六行，全文曰："此地有崇山峻岭，茂林修竹，又有清流激湍，映带左右，引以为流觞曲水，列坐其次，虽无丝竹管弦之盛，一觞一咏，亦足以畅叙幽情。"由此推测当年此地为"鲤洞主人"与友人吟诗叙情的地方。洞内还有行书直题石刻，临摹《兰亭集序》中"惠风和畅"四个字。其相邻石洞里另有行书横刻"恍桃源"三字。大概这位"鲤洞主人"向往魏晋时期文人的隐逸生活，故题此以点缀景观。

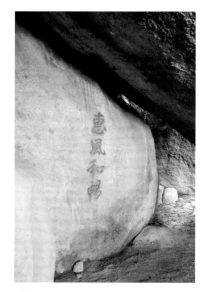

"惠风和畅"石刻

2 打虎洞

穿过鲤鱼洞，拾级而上，就到了另一个石洞，洞口的石壁被爬山虎遮蔽大半，上面隐约可见行书直题"中华民国十四年十二月警察队殪虎于此"，落款为"杨遂识"。杨遂识是当时厦门警察局的局长，"殪"为"杀死"之意，此处被称为"打虎洞"。早前此处还有打虎记事碑一座，后被毁。

打虎洞（图片来源于网络）

据传，民国时期万石山上多有农田菜地，1925年12月，有一农人到此劳动，突见一老虎卧于山洞，惊恐之余直奔警察局报告。警察赶到后将老虎乱枪射杀，而后抬着老虎在厦门岛游行三日，并刻石记事以表其功。

厦门历史上出现的老虎，是从厦门港对岸的南太武山游泳而来，属于华南虎。1858年，美国的自然学家卡得威尔来到厦门，发现了这种体型比东北虎小却更为凶猛，皮毛长而颜色深，虎纹宽并在头部有"王"字斑纹的虎种，将其定名为*Amoyan Tiger*，即厦门虎，并向世界公布。卡得威尔还注意到，厦门虎主要生活在森林山地，善于游泳。1905年，厦门虎被正式命名为*Panthera tigris amoyensis*，即华南虎。华南虎仅分布于中国，是中国的十大濒危动物之一，现野外已灭绝。

3 叶义官墓

叶义官墓位于奇趣植物区的东南侧，墓址坐东朝西偏北，占地面积约100平方米，始建于明朝正德庚午年（1510年），距今500余年。墓前立有大型横置卷云纹碑屏，中央嵌墓碑，镌刻"明正德庚午禾城义官叶公寿城"等13个字，碑前建有仿木结构的四柱重檐歇山顶方亭，亭宽1.5米，进深1.3米，墓前两侧双级墓石则雕成龙首形墓围，民间俗称"亭仔墓"。此墓为厦门岛内仅存的大型明墓，目前为厦门市级文物保护单位。厦门的亭仔墓原本有一定数量，但20世纪50年代，很多亭仔墓的大石板构件被拆下用于建水渠、盖房子、铺桥等，留存下来的十分稀少。一般说来，亭仔墓墓主身份较高，有相当社会地位。据了解，墓主叶义官系厦门"莲溪堂"叶氏第22世族人；墓碑上的"寿城"二字，说明该墓是主人活着的时候给自己修建的；"禾城"为当时对厦门的一种别称。

叶义官墓修缮纪事碑

26

叶义官墓

叶义官墓

墓前的龙首形墓围

2016年第14号强台风"莫兰蒂"袭击厦门时，该墓葬受损严重，其构件散落一地。2018年对该墓葬重新修缮，并在墓葬左侧立了一块"叶义官墓修缮纪事碑"。

特色植物

TESE ZHIWU

1 粉花腊肠树

学名：*Cassia bakeriana*

科名：豆科

🌲 植物小知识

粉花腊肠树原产印度、缅甸等东南亚地区，现热带、亚热带地区常有栽培。粉花腊肠树为落叶乔木，常于落叶后或新叶初长时开花。花瓣粉红色至浅红色，细长的雄蕊金黄色，单朵花轻盈曼妙，许多小花聚集形成圆锥花序，盛花时满树繁花，因而又名"花旗木"。其果实长圆柱形，成熟时褐色，像极了一根根腊肠，果皮还覆盖着一层细细的茸毛。

🌿 粉花腊肠树

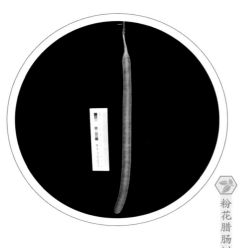

粉花腊肠树的果实

粉花腊肠树的花

🌲 植物小故事

  厦门市园林植物园于2006年从泰国北部引进粉花腊肠树的种子，播种繁殖后，粉花腊肠树于2012年首次开花，之后花量逐年增多，2013年开始结果。近年，粉花腊肠树的国内园林应用渐多，可作行道树和庭园树，用于道路、公园和小区绿化。

  厦门市园林植物园还栽培有开黄花的腊肠树（*Cassia fistula*）。腊肠树开花时金灿灿的花序像串串风铃缀满枝头，花谢时犹如花雨纷纷飘落，故又名"黄金雨"。腊肠树也叫波斯皂荚、阿勃勒，是泰国的国花。

腊肠树

2 酒瓶椰子

学名：*Hyophorbe lagenicaulis*
科名：棕榈科

🌲 植物小知识

　　酒瓶椰子因其茎干膨大似酒瓶而得名。酒瓶椰子叶片大，呈拱形，长可达2.5米，叶片深裂成许多羽片，羽片沿叶中肋向两侧整齐地排列成两列，犹如一片巨大的羽毛，因而称其为羽状叶。其羽状叶集中生长在茎顶端，叶有5～6片，羽片于基部侧向扭转约45°，增加了叶片的层次感和立体感。优雅的树冠与膨大、光滑的茎干，使它成为热带地区著名的观赏植物，是非洲最优美的棕榈植物之一，也是观赏价值很高的中型棕榈植物。

🌿 酒瓶椰子

酒瓶椰子的花序和果序

酒瓶椰子的果实

🌲 **植物小故事**

　　酒瓶椰子生长缓慢，从种子育苗到开花结果需20多年，是一种珍贵的观赏棕榈植物。酒瓶椰子喜高温多湿的热带气候，厦门地区冬季的温度对它来讲还是低了些。尽管奇趣植物区的小气候环境不错，但为了保障它安然过冬，在引种初期，每年腊月至翌年立春之前，辛勤的园林工人就会为它盖上透明的薄膜保护罩，以防霜冻侵害。如今，这株酒瓶椰子已逐渐适应厦门的气候，又因为全球气温变暖的趋势，它已经不需要在保护罩里过冬了。

3

狐尾椰子

学名：*Wodyetia bifurcata*
科名：棕榈科

狐尾椰子

🌲 植物小知识

狐尾椰子的叶片很大，长可达2.4米，叶片复羽状分裂，小羽片呈多列向各个方向辐射伸展，使得整个叶片看上去像狐狸尾巴一样蓬松。狐尾椰子果序大，果量多，成熟时深红色，近圆球形，好似一个个红色的乒乓球串在一起，十分可爱。把橙黄色的果肉刮掉，再刷洗干净，便露出黑褐色的种子。外种皮上覆盖着一层粗而硬的黑色纤维，一根根纹理清晰，仿佛浮雕一般，有时还会残留一些黄褐色的细丝样果肉纤维。这些纤维交织包裹着种子，十分精致美观。

🏵 剥开表皮的狐尾椰子果实

🏵 制成挂饰的狐尾椰子

🏵 狐尾椰子的成熟果序

🌲 植物小故事

20世纪70年代末，科学家们在澳大利亚西北部首次发现狐尾椰子。由于其叶片形态独特，犹如一根根巨型狐尾，因此它很快引起了人们的关注，并作为观赏植物在热带、亚热带各国栽培。我国约在20世纪末引种，广东、广西、海南、云南、台湾和福建等地均有种植，北京、上海等地的植物园温室内也有栽培。

狐尾椰子的种子质地坚硬，商家将其打磨做成吊坠或手串，称为千丝菩提。原本深色的种子经过一段时间的把玩后，因空气的氧化和人体油脂的浸润，颜色会越来越深，色泽也越来越油亮，看起来非常有质感。

4
德保苏铁

学名：*Cycas debaoensis*
科名：苏铁科

德保苏铁

🌲 **植物小知识**

苏铁类植物是现存最古老的种子植物，中生代时期曾遍布全球，是珍贵的活化石。

德保苏铁仅产于我国广西德保、靖西及那坡的石灰岩山坡，分布区域狭窄，是我国特有的国家Ⅰ级重点保护野生植物。它身上保留了许多苏铁类植物最原始的特征，具有极高的研究与观赏价值。现代苏铁类植物的叶片大多只有一回羽状分裂，少数为二回羽状分裂，但德保苏铁的叶片却是罕见的三回羽状分裂。另外，现代苏铁类植物的茎干大都生长在地面上，而德保苏铁的茎干一半以上生长在地下，地上茎高仅20~60厘米。无论是叶形还是株形，乍一看，它都像是蕨类植物呢！

德保苏铁的叶子

德保苏铁的花序

植物小故事

　　生境遭破坏是德保苏铁濒临灭绝的一个因素，而不法分子的盗挖倒卖则是另一重要因素。苏铁生长缓慢，但市场对各个种类的大型苏铁需求很大，因此非法盗挖的野生苏铁成为苗木市场上大型苏铁的主要来源。仅10年时间，德保苏铁在其原产地的数量锐减，2009年被世界自然保护联盟（IUCN）列为极危（CR）物种。

5 老人棕

学名：*Coccothrinax crinita*
科名：棕榈科

🌲 植物小知识

老人棕的叶片圆形，深裂，好似一个巨大的手掌，叶面青绿色，叶背银灰色，故又名银背桐。茎干上覆盖着又密又厚的灰白色至黄褐色的网状棕衣，这是由茎干外围的叶鞘纤维形成的。老人棕从幼龄起就有这种网状纤维，随着植株的生长和老叶的脱落，这些纤维自然松散下垂，覆盖茎干，且不易脱落，好似老寿星的长胡子，故得此名。

🌿 老人棕

老人棕的叶背呈银白色

老人棕的叶鞘纤维

🌲 植物小故事

　　老人棕生长极为缓慢，奇趣植物区里的两株老人棕虽然只有3米左右高，但树龄已有30多岁。它们来自古巴，茎干上披着厚厚的"胡子"，像历经岁月蹉跎的美髯公，向人们诉说着它们饱经风霜的历史。

6 白花异木棉

学名：*Ceiba insignis*

科名：锦葵科

🌲 植物小知识

一进入奇趣植物区，一个肚大如球的庞然大物便映入眼帘，它就是白花异木棉。随着年龄的增长，白花异木棉的树皮会逐渐由绿色变灰色至黑色，树干则不断膨大呈酒瓶状。瓶状树干是它储存水分的"容器"，在雨季它可以畅快地吸足水分，以备旱季慢慢消耗。

其花刚开时为浅黄色，尔后变成白色。叶色翠绿，花色淡雅，与灰黑色的树干形成鲜明的对比。白花异木棉的果实犹如一个个手雷挂在光秃秃的枝杈上，甚为壮观。成熟后，厚厚的外果皮自然开裂，白色的絮状物悬挂在枝头，就像是一个个棉花团，每一颗黑色的种子都包裹着一团棉絮，随风飘向远方。

白花异木棉

白花异木棉的花

🌲 植物小故事

　　奇趣植物区的白花异木棉是2015年"入住"的，它可是"镇园之宝"。它的腰围将近6米，三个成人的手臂也无法把它围拢。黝黑的"肚皮"裂纹纵横，见证着岁月的磨砺。它矗立在奇趣植物区的入口处，好似敞开肚皮的弥勒佛，笑迎四面八方的游客。

7 须叶藤

学名：*Flagellaria indica*
科名：须叶藤科

🌲 植物小知识

　　藤本植物通常凭借自己的攀缘器官缠绕、抓握、吸附支撑物，须叶藤这种多年生藤本植物是用什么方法来攀爬的呢？仔细观察可以发现，须叶藤的叶顶端渐尖，延长并卷曲成一弹簧状的卷须。凭借这个叶尖卷须，须叶藤缠绕其他植物，不断向上攀缘，享受更充分的阳光，最终在密林深处生存下来。

🌱 须叶藤

须叶藤的花

须叶藤的果实

🌲 植物小故事

　　须叶藤科只有1个属，即须叶藤属（*Flagellaria*），该属共4个种，分布在非洲、东南亚、澳大利亚西部的热带和亚热带地区，我国只有1种，即须叶藤，生长在广东、广西、海南和台湾等地区。须叶藤是热带海滨地区常见的藤本植物。它的花果期长，且花量多，果色黄红，甚为美观，是垂直绿化的好材料。

8 笔筒树

学名：*Sphaeropteris lepifera*
科名：桫椤科

🌲 植物小知识

笔筒树是我国国家 **II** 级重点保护野生植物、《国际濒危野生动植物种国际贸易公约》附录 **II** 的保护物种。笔筒树为大型蕨类植物，老叶脱落后，茎干上会留下浅棕色的椭圆形叶痕，与深棕色的茎干形成鲜明对比，远远望去如同蛇皮的斑纹，所以也称"蛇木"。笔筒树幼叶卷曲，好似一个个毛茸茸的问号，十分可爱。叶片背面近叶脉处有许多黄色的"小点点"，每一颗"小点点"就是一个孢子囊群，每一个孢子囊里都"住"着无数孢子。孢子一旦成熟，就会随风飘散，开始新一轮的生命历程。

🌿 笔筒树

笔筒树的新芽

笔筒树的孢子囊群

🌲 植物小故事

  1982年，厦门大学后山发现了1株笔筒树。虽然后来证实那是人工种植的，但这是笔筒树在中国大陆分布的首次记录。2009年，福建省福清市三山镇和沙埔镇相继发现该物种。2010年，福建省霞浦县溪南镇也发现11株笔筒树，这是中国大陆发现的最大的笔筒树群。2014年，厦门市园林植物园科技人员也在厦门市同安区发现了1株笔筒树。福建多地相继发现野生笔筒树，说明福建是笔筒树的原产地之一。

  为何称它为笔筒树呢？原来过去在台湾，人们常把它的茎截取一小段，掏空髓心，粘上一块底板，做成笔筒。

9 轻 木

学名：*Ochroma lagopus*
科名：锦葵科

🌲 植物小知识

轻木，名副其实，其木材是世界上密度最小、质量最轻的木材，同体积轻木的重量比做软木塞的栓皮栎还要轻一半。

轻木还是世界上生长最快的树种，一年能长5～6米高，且树干粗大笔直，是典型的热带速生用材树种。因其体内的细胞更新很快，不易木质化，所以树体各部分都显得非常轻软而富有弹性。

这么高大的树，为什么木材会如此轻呢？通过对其木材微观结构的观察，发现它的细胞直径大，细胞腔大，细胞间的孔隙无论是数量还是大小，都比其他木材大。而孔隙越多，木材的密度就越低，木材也就越轻。

因为要支撑这么高大的树体以及这么快的生长速度，所以轻木根部的吸水功能非常强大，简直就是一台植物"抽水机"。

轻木

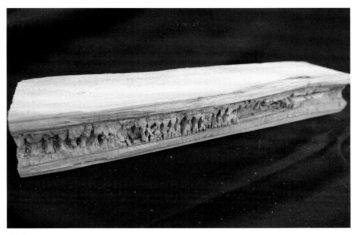

轻木木材标本

🌲 植物小故事

　　轻木是世界上最轻的商品用材，可作为多种轻型结构物的重要材料；轻木还具有很好的隔热、隔音和吸音效果，用途广泛。1965年，因为航空事业的需要，我国有关部门从厄瓜多尔引进了一批轻木，在海南、广东、广西和云南西双版纳试种，准备作为制造飞机木质部分的原料。最终，这种只适宜在海拔700米沟谷雨林种植的热带树种，只在西双版纳试种成功，并分别在景洪和勐仑进行了规模化的种植。

10 箭毒木

学名：*Antiaris toxicaria*
科名：桑科

🌲 植物小知识

    箭毒木树皮和叶子中的汁液有剧毒，人畜伤口一旦接触毒液，可使中毒者血液凝固，血管封闭，心脏骤停，以至窒息死亡，所以箭毒木被认为是世界上最毒的树木，别名"见血封喉"。武侠小说中常提及人们在箭头涂抹一种毒药，中箭者走几步便会倒地身亡。这种毒药就是用箭毒木的树液制成的。

    箭毒木同时也是一种药用植物，虽然它的汁液有毒，但其中含有强心苷，有一定的药用价值。

🌿 箭毒木

🌿 箭毒木的叶子

🌿 箭毒木制成的服饰

🌲 植物小故事

　　箭毒木汁液毒性大，令人闻之丧胆，但只要毒液不进入伤口，不接触眼睛，便不会有生命危险。尽管如此，我们对它还是"敬而远之"为好。箭毒木的树皮特别厚，富含细长柔韧的纤维，西双版纳的少数民族常用它制作褥垫，既舒适又耐用，睡上几十年依然有很好的弹性；用它制作的衣服，深受当地民众喜爱。制作箭毒木"布"的过程如下：取长度适宜的一段树干，用小木棒反复均匀敲打，使树皮与木质层分离，取下整段树皮，然后将树皮放入水中浸泡一个月左右，再在清水中边敲打边冲洗。采用这样的办法除去毒液胶质，再晒干，就会得到一块洁白、厚实、柔软的"布"。

广西马兜铃

学名：*Aristolochia kwangsiensis*
科名：马兜铃科

🌲 植物小知识

　　马兜铃因其成熟果实如马脖子下的铃铛而得名，但其烟斗状的花朵同样令人过目不忘。广西马兜铃是大型多年生木质藤本，叶片心形，茎、叶、花上都布满硬毛。广西马兜铃花不大，蓝紫色，是马兜铃家族中花色较为艳丽的一种。其花被片合生成管状，常急弯，末端开口扩大成三角形，整朵花的形状恰似一个烟斗。广西马兜铃的花会散发出类似腐肉的气味，而花被管的味道最浓，主要吸引体型小的蝇类。蜂与蝶通常不喜臭味，且体型较大，无法钻入狭窄的花被管，因此，广西马兜铃花的周边通常看不到蜜蜂和蝴蝶。

广西马兜铃

广西马兜铃的花

巨花马兜铃花被管中的刺毛

🌲 植物小故事

在奇趣植物区食虫植物馆后的藤架上还种有巨花马兜铃（*Aristolochia grandiflora*），花型巨大，长可达50厘米，宽可达35厘米，具有极高的观赏价值。尽管广西马兜铃和巨花马兜铃的花大小区别很大，但它们都具有精巧的内部结构，是典型的陷阱式欺骗传粉的例子。其花被管的基部膨大成球状，里面装着雄蕊与雌蕊，花被管的喉部有一些朝下

巨花马兜铃的花

生长的刺毛。开花的第一天，雌蕊已成熟，但雄蕊尚未成熟，这时若有昆虫受气味的吸引，顺着花被管进去，便将带来的花粉碰触到成熟的雌蕊上，完成授粉。而由于倒生刺毛的存在，昆虫能进不能出。到了第二天，雌蕊开始萎缩，雄蕊上的花药成熟，花被管上的倒生刺毛也枯萎了，这时沾满花粉的昆虫便逃出陷阱，又被另一朵花吸引，再度进入一个"陷阱"，担任授粉媒介。

12 / 破布木

学名：*Cordia dichotoma*
科名：紫草科

🌲 植物小知识

破布木春天开花时叶子会掉光，夏天是它结果的季节。其果实称"破布子"，近球形，直径10～15毫米，成熟时黄色或带红色。破布子又小又不起眼，却有着丰富的营养成分和较高的药用价值，成熟果实的果皮含有胶质，富含维生素，钙、磷等微量元素含量也极高。破布木也是一种木本油料植物，其种子含油量达51.8%，可榨油。

🌼 破布木

破布木的果实

🌲 植物小故事

在福建和台湾，老一辈人对破布子都有一种特殊的情怀，因为在经济困难时期，破布子作为食材，曾陪伴他们走过艰辛的岁月。人们将成熟的破布子采摘下来，经过挑选、熬煮、调味、塑形、冷却，制成破布子成品。腌渍后的破布子可以直接佐餐，也可以炒、炸、煲汤、调制酱汁等，风味佳，且有开脾健胃功效。破布子还可去腥，常作为蒸煮鱼、肉的配料。

破布子在熬煮时会一个个爆开，发出"卟卟"的声音，像布被撕破了一样，因此"破布子"这一奇怪的名称就诞生了。熬煮后黏稠的破布子需经压紧、铺平、晾凉成形等过程，常被平铺成一小片或是捏成一小团，晾晒时远远望去，也像一块块破布。

13

人心果

学名：*Manilkara zapota*

科名：山榄科

🌲 **植物小知识**

🔖 人心果

人心果因其果实的纵剖面形状像人的心脏而得名，又叫仁心果、赤铁果。其浆果夏季成熟，果皮和猕猴桃一样，呈棕色，果肉黄褐色，软熟后多汁，口感绵密，十分甜美，不仅风味独特，而且营养价值极高。

人心果的树干具有乳汁，这是山榄科植物的一个特征，其乳汁曾是制作口香糖的原料。

人心果的花

人心果的果实

🌲 植物小故事

　　人心果原产热带地区，目前我国仅海南、广东、广西、福建等地有种植。刚从树上摘下来的人心果并不能马上吃，因为不仅果实较硬，而且果实中富含单宁，吃起来又麻又涩，其滋味令人"难忘"。放置几天，等到人心果变软时，果肉会变得非常香甜，可直接剥开食用。这时候的人心果，吃起来颇有几分柿子的风味。

14 木芙蓉

学名：*Hibiscus mutabilis*
科名：锦葵科

🌲 植物小知识

　　木芙蓉是原产中国的本土植物，在我国极为常见。"芙蓉"是荷花的别称，"出水芙蓉"一词就是形容刚从水中开出的荷花。木芙蓉的花色和花瓣上的脉络跟荷花很相似，因其是木本植物，故而得名"木芙蓉"。木芙蓉最大的特点是"花开一日，花色三弄"。即一朵花只开一天，清晨初开时为白色，中午渐变为淡粉色，到傍晚又变成深红色。"晓妆如玉暮如霞"就是形容木芙蓉的花色变化，其变色的原因是一天之中花瓣内花青素等色素的浓度随气温的变化而产生了变化。

木芙蓉

🌿 木芙蓉的花清晨呈白色

🌿 木芙蓉的花中午呈粉色

🌿 木芙蓉的花傍晚呈深红色

🌲 植物小故事

　　木芙蓉是全国各地常见的木本花卉。木芙蓉在深秋时节盛开，不惧秋霜，所以又称拒霜花。因其外形与棉花有些相似，且与棉花同属锦葵科，所以木芙蓉有一个英文名叫 *Cotton rose*。木芙蓉的整个植株都给人毛茸茸的感觉，小枝、叶柄、叶片、花梗和花萼都布满了星状毛与直毛相混的细绵毛，会让人皮肤发痒，仿佛在"警告"人们"眼观手勿动"。木芙蓉还是我国传统的中药材，花、叶均可入药。

15 猫须草

学名：*Clerodendranthus spicatus*
科名：唇形科

🌲 植物小知识

　　猫须草是多年生草本，茎紫色，摸上去方方正正的，呈四棱状，很有特色，但最特别的还属它的花。猫须草的花由许多小花聚生成轮伞花序，花冠白色或淡紫色，像张开的两片嘴唇，"上唇"明显外翻，"下唇"向前伸，吐出细长的雄蕊和雌蕊，不规则地向四面八方舒展，特别像猫的胡须，故有此名。

　　猫须草

🌲 植物小故事

　　猫须草是一种药用价值较高的中草药。因其对肾病具有特殊疗效，又名肾茶；又因其对人体结石的排化作用非常强，也叫化石草。猫须草是我国傣族民间常用的草药，从傣族古老的贝叶经《档哈雅》可知，猫须草作为药材已有两千多年的历史。傣族人民视其为"圣草"，常常将其种植于房前屋后，需要时随手一摘，开水泡泡就可以了，既可以当茶喝，又可以治病。

16 神秘果

学名：*Synsepalum dulcificum*
科名：山榄科

🌲 植物小知识

神秘果的叶琵琶形，无太大特色；花白色，细小，常被忽略，但近闻有特殊的椰奶香味；果实椭圆形，比新鲜的枸杞略大一点，果子呈绿色时亦不起眼，但成熟时鲜红色，非常醒目。如此平凡的植物为什么会有不平凡的名字呢？只有亲身体验过的人才能明白它的神秘之处。神秘果的果实虽然肉薄籽大，但酸甜可口，最神奇的是吃完神秘果后，再吃柠檬等酸性食物，会发现它们都"变甜"了。原来神秘果中含有一种变味蛋白酶，即神秘果素，它能够关闭舌头上辨别酸味和苦味的味蕾，而开放"主管"甜味的味蕾。食后神秘果半个小时内，能让人感觉不到酸味，吃柠檬像吃甜橙，因此神秘果又名变味果、奇迹果、甜蜜果。

🌱 神秘果

🌿 神秘果的花

🌿 神秘果的果实

🌲 植物小故事

　　1964年，周恩来总理到访西非时，加纳共和国把神秘果作为国礼送给周总理。回国后，周总理将其转交给云南省热带作物科学研究所。此后，神秘果开始在我国栽培。现在厦门市园林植物园、华南植物园、西双版纳植物园、武汉植物园等均有栽培，广东阳江和江门区域有商业化的种植。因神秘果只生长在热带、亚热带地区，所以它在中国的栽培范围并不广，这也是很多人没见过神秘果的原因。

17 海红豆

学名：*Adenanthera microsperma*
科名：豆科

🌲 植物小知识

　　海红豆在我国主要生长在福建、台湾、广东、海南、广西、贵州、云南等地。它的叶是成双成对、排列整齐的羽状复叶，好似孔雀开屏时美丽的尾羽一般，所以人们又称其为"孔雀豆"。到了夏季，它的枝头会开出一穗穗黄白色的小花；秋天结出螺旋状的荚果。当果实成熟时，果荚开裂并旋卷成一团，露出挂在豆荚上的种子。海红豆种子鲜红发亮，像一粒心形的红宝石。仔细观察会发现，它的红色由边缘向中心逐步加深，特别红艳的中心部分又呈心形，真是"心心相印"。所以，海红豆也被人们称作"相思豆"，常被串成手链、项链，既漂亮别致，又富有含义。

🌿 海红豆

海红豆的果序

海红豆的花序

海红豆的果实

🌲 植物小故事

　　"红豆生南国，春来发几枝。愿君多采撷，此物最相思。"这首脍炙人口的诗句，使红豆成为爱情的象征。在我国，颜色是红色的豆类通常被称为红豆，比如赤小豆、鸡母珠、海红豆、木荚红豆等，王维诗中代表相思之情的"红豆"到底指的是哪一种呢？从诗句中我们可以基本判断，该"红豆"应该属于多年生木本植物。赤小豆属于草本植物，可以排除。而海红豆和鸡母珠，二者都满足"生南国""春来发几枝"的条件，但鸡母珠种子的一端为明亮的黑色，并非整颗种子都为红色，而且鸡母珠的种子剧毒，不适合用来寄托相思，也可以排除。因此诗中所说的红豆应为海红豆或者木荚红豆等红豆属（*Ormosia*）植物。

18 金花茶

学名：*Camellia petelotii*

科名：山茶科

🌲 植物小知识

山茶花高贵典雅，是世界著名的观赏花卉，也是我国十大传统名花之一。山茶属植物的花一般为不同程度的红色、白色或红白复色，而金花茶的花却是罕见的金黄色，带有一种独特的半透明的蜡质光泽。金花茶有多个品种，花形也略有不同，有杯状、壶状或碗状。无论哪种花形，都秀丽雅致。

金花茶是山茶花家族中唯一具有金黄色花瓣的种类，被认为是培育金黄色山茶花品种的优良原始材料，具有很高的观赏、科研和开发利用价值，被冠以"茶族皇后"的美称。金花茶不仅观赏价值高，其花、叶还可以制茶。

🌿 金花茶

金花茶的果实

金花茶的花

🌲 植物小故事

　　黄色是自然界常见的花色，尽管山茶花种类繁多，色彩缤纷，但在过去很长一段时间，却没有发现有金黄色的山茶花。因此，找到开黄花的山茶花曾经是中外园艺家的美好愿望。其实，我国的金花茶有15种之多，但它们生长在广西深山石灰岩区域，无人知晓。1923年 A. Petelot 在越南采到了一份没有花果的标本，命名为 *Thea petelotii Merr.*。1933年，我国植物学家左景烈在广西的十万大山也发现了金花茶，1948年被植物学家命名为 *Camellia nitidissima Chi*。1965年，我国植物分类学的奠基人胡先骕先生根据1960年采集到的标本，发表了 *Theopsis chrysantha Hu*。后来，经植物学家核实，确定它们都是金花茶 [*Camellia petelotii*（*Merr.*）*Sealy*]。金花茶的发现震惊了世界园艺学界，填补了山茶科家族没有金黄色花朵的空白，因此金茶花被誉为"植物界的大熊猫"。

19 桂叶黄梅

学名：*Ochna kirkii*
科名：金莲木科

🌲 植物小知识

　　桂叶黄梅叶片革质，叶形像桂花叶，没开花时常常被错认为是桂花；开花时花形与梅花神似，但颜色为黄色，因此得名桂叶黄梅。

　　桂叶黄梅开花后花瓣很快凋落，但花萼及雄蕊会反常地留在原位，并逐渐变成红色，花托逐渐膨大，也呈鲜红色，心皮3～10枚，授粉后每个心皮发育成一个小核果，环列于花托上，成熟时黑色，当果实掉落至仅剩两个时，桂叶黄梅的花托和果实仿佛是有着两只黑色耳朵的米老鼠的头部，故有"米老鼠树"之称。

桂叶黄梅

🌿 桂叶黄梅的花和果

🌿 桂叶黄梅的果实

🌿 桂叶黄梅的花

🌲 植物小故事

　　圆脸、大头、黑耳朵，米老鼠可爱的卡通形象早已深入人心，而令人想不到的是，植物界竟然有一种植物的果形与它如此神似。桂叶黄梅的果实成熟时，鲜红色的花萼、雄蕊和突起的花托，正如米老鼠的大花脸和胡须，而镶嵌在花托上的黑珍珠般的果实，则好像米老鼠的耳朵，整个外形活脱脱就是米老鼠的头部，故人们又称其为"米老鼠树"。桂叶黄梅盛开时花团锦簇，异常美丽，被赋予好运与财富的寓意。

20 炮弹树

学名：*Couroupita guianensis*

科名：玉蕊科

🌲 植物小知识

炮弹树的果实呈球形，茶褐色，浑圆如生锈的炮弹，因而得名。炮弹树是典型的老茎生花植物，花、果都长在树干基部。夏季开花，花序成串下垂，花大而艳丽，雄蕊为奇特的异型雄蕊，同一朵花的雄蕊有两种不同的形态，短雄蕊围绕子房呈环状生长在花的基部，长雄蕊则自基部聚合，向一边延伸形成一种弯曲的带状结构，好似一顶华盖，覆盖于短雄蕊的上方。当传粉者将身体挤入这两种雄蕊之间，并从短

🌱 炮弹树

雄蕊中采集花粉时，长雄蕊恰好与其头部及背部接触，其中的花粉也随之附着于传粉者身上。两种雄蕊的功能也不同，短雄蕊的花粉活力弱，它负责吸引传粉者前来，并为之提供一定的花粉作为报酬，真正有活力的花粉则生长在长雄蕊上。

炮弹树的花

炮弹树的叶子

🌲 植物小故事

老茎开花、结果，是热带雨林树木的一种特殊现象。热带雨林的中下层较郁闭，植物不易通过风来传粉，只能依靠昆虫和其他动物。这些传粉者主要在林冠下一定高度范围活动，而热带雨林里成年树木的枝叶往往高不可及。老茎生花无疑使得花朵更容易被昆虫发现和光顾，更有利于繁衍后代。此外，其粗壮的树干也更能承受大量果实的重压。

炮弹树的果实

21

降香黄檀

学名：*Dalbergia odorifera*
科名：豆科

降香黄檀

🌲 植物小知识

众所周知，黄花梨是珍贵的红木，素有"一寸黄花梨一寸金"的说法，但鲜有人知道黄花梨就是降香黄檀的心材。降香黄檀是海南岛特有种，也是海南省省树，现为国家 II 级重点保护野生植物。其树皮褐色、粗糙，羽状复叶墨绿色，其貌不扬。果荚扁平似叶，中部隆起的部分就是种子，远远看去，就像树上挂满长了虫瘿的叶子，甚为奇特。降香黄檀的边材、心材可明显区分，栽培10年以上才开始形成心材，心材呈红褐色，有深浅不均的黑色条纹，具光泽，有香气。黄花梨材质致密，又硬又重，耐浸耐磨，不裂不翘，且散发芳香，经久不衰，花纹自然形成各种图案，是制作高级红木家具的上等材料，与紫檀木、鸡翅木、铁力木并称中国古代四大名木，并始终位列四大名木之首。

🌿 降香黄檀的果序

🌿 降香黄檀的木材

🌿 降香黄檀的花序

🌲 植物小故事

　　降香黄檀材质上乘但成材慢，虽然海南、广东等地有一些降香黄檀的人工繁育苗圃，但是想长成有用的心材，二三十年的时间是远远不够的，生长50多年的降香黄檀，真正有用的心材不过2～3厘米宽。国内已经成材的降香黄檀数量极为稀少，十分珍贵，故偷伐盗砍之事时有发生。据了解，西双版纳植物园原有六棵降香黄檀，其中最大的三棵是1964年由海南引进的，也是目前国内第一批引种栽培的降香黄檀。2015年，其中一棵树龄达51年、价值上百万元的降香黄檀被盗伐，另一棵受伤严重。1998年降香黄檀被世界自然保护联盟定为易危（VU）物种。

22 中国无忧花

学名：*Saraca dives*

科名：豆科

植物小知识

中国无忧花的叶为羽状复叶，小叶5～6对，长椭圆形或卵状披针形下垂。嫩叶刚出时，由于叶柄柔软无法支撑叶片，深紫红色的嫩叶呈闭合下垂状。中国无忧花每年3～5月间开花，花常生于枝干和枝顶，花冠橙黄色或橘红色，小花数十朵密生成团。盛花时，金灿灿的花朵挂满枝头，十分美丽。中国无忧花是优良的园林绿化树种，同时也是一种优良的紫胶虫寄主。

中国无忧花

中国无忧花的新叶

中国无忧花的花

中国无忧花的荚果

🌲 植物小故事

广义的无忧花是豆科无忧花属植物的通称。无忧花属植物大约有20种，主要产于热带、亚热带的中国、印度、斯里兰卡、泰国等地。

无忧花是重要的佛教圣树，相传佛祖释迦牟尼在无忧花树下诞生。在西双版纳，傣族全民信仰小乘佛教，许多与佛教有关的植物都广泛种植，备受崇拜，无忧花就是其中一种，每个傣族村寨的寺庙周围都种有无忧花，品种主要是产于我国云南的中国无忧花（*Saraca dives*）和云南无忧花（*Saraca griffithiana*）。无忧花在印度的佛教文化中同样具有重要的文化内涵，但印度种的主要是分布于印度、斯里兰卡、孟加拉国和缅甸的无忧树（*Saraca asoca*），以及分布于泰国、老挝、越南南部和马来半岛的印度无忧花（*Saraca indica*）。这四种无忧花在厦门市园林植物园均有引种栽培，但外形很相似，很难区分它们的异同。

23 肉 桂

学名：*Cinnamomum cassia*
科名：樟科

植物小知识

　　肉桂的老树皮灰褐色，厚可达13毫米，俗称"桂皮"，是世界上最古老的香料之一。肉桂的叶子长椭圆形至披针形，从叶柄处向叶尖"放射"出三条明显的叶脉，称为"离基三出脉"，这是樟科植物的特征，辨识度非常强。将肉桂的叶片向着阳光，可以看到叶片内密布许多的小亮点，那就是分泌芳香油的油细胞。肉桂全株均具有强烈的香味，其中以花为最浓，依次为花梗、树枝、叶、果实。这些部位都可以提制桂油作为化妆品原料，亦是巧克力及香烟的配料。另外，肉桂材质优良，结构细致，不易开裂，也是制作高档家具的好材料。

肉桂

桂皮

肉桂的叶脉为离基三出脉

🌲 植物小故事

　　中国人的厨房里少不了桂皮的身影，它是红烧、卤制、涮火锅时必用的大料。在中国的药典中，肉桂树的各个部位均可入药，具有散寒止痛、温经通脉的作用。桂皮的风味及药用品质因肉桂的产地和品种而有所不同，如越南北部所产的清化桂品质较好，嚼之有先辣后甜的感觉。而我国所产大多数桂皮，嚼之则有先甜后辣的感觉，这可能与其所含化学成分的差异有关。商业上，阴香、天竺桂等樟科樟属植物的树皮都可以做香料，都统称"桂皮"，但滋味和用途有些许差别。越南战争期间，胡志明为了保护越南"国宝"清化桂，将两箱树种送到中国，周恩来总理决定交给闽南地区培育繁殖。如今，在漳州市华安县还栽培有一片清化桂。

月 桂

学名：*Laurus nobilis*
科名：樟科

🌲 植物小知识

月桂枝繁叶茂，株型优美，露地栽培时能长到十几米高，是一种应用非常广泛的树种，不仅可以用于园林绿化，也可作为烹调香料。月桂树皮黑褐色，叶片亮绿色，全株具有香气，而叶尤为醇香。新鲜

叶片闻着气味并不浓烈，只有把它们晒干制成"香叶"，才能赋予食物香浓的味道。尽管都是香料植物，但千万不要把月桂和肉桂混为一谈。月桂原产地中海一带，是樟科月桂属植物，叶片是网状脉，而肉桂原产我国，是樟科樟属植物，叶片是明显的离基三出脉；月桂主要以叶作调料，就是卤料包中的"香叶"，而肉桂主要以树皮作调料，一般我们看到的是一小段卷曲的干燥树皮，也就是"桂皮"。

🌱 月桂

月桂的叶

植物小故事

　　月桂原产地中海地区，在罗马人看来，月桂是幸运的代名词，士兵凯旋时，人们会为他们戴上月桂编制的头冠，于是桂冠就成了胜利与荣誉的象征。另外，桂冠也用来表彰有成就的文人，称为桂冠诗人，并为后世大量袭用。

　　同样是"桂"字，我国古代把中了科举考试称为"攀桂"或"蟾宫折桂"，这些"桂"最早指的是原产我国的肉桂，后来逐渐变成是指木犀科的桂花树。

25 匍匐镰序竹

学名：*Drepanostachyum stoloniforme*
科名：禾本科

🌲 植物小知识

　　人们常用"正直""挺拔""修长"等词形容竹子，但这些词无一能与匍匐镰序竹联系起来。匍匐镰序竹的秆细长柔软，呈匍匐藤本状，丛生，长可达3～5米，直径0.3～0.6厘米，植株姿态优美。叶片纸质，窄披针形，叶缘具细锯齿而粗糙。它没有攀爬的技能，如果没有支撑架，就会匍匐状生长。因其归于镰序竹属，所以命名为匍匐镰序竹。匍匐镰序竹是一种十分稀有的藤本状竹子，我国已知的藤本状竹子目前只有六七种。匍匐镰序竹具有很高的观赏价值，园林开发应用潜力巨大。

🌿 匍匐镰序竹

葡匐镰序竹的花序

葡匐镰序竹的种子

葡匐镰序竹的叶

🌲 **植物小故事**

　　1976年，厦门市园林植物园的创始人陈榕生到贵州引种植物时见到这一藤本状的竹子，感到十分稀奇，便引种回厦门，但一直没有鉴定出它是哪一种竹子。厦门市园林植物园特意为它制作了一座伞形支撑架，近30年的时间，它一直默默无闻地待在标本楼的庭院里。2004年2月，厦门市园林植物园的竹子专家陈松河发现它开花了，当年4～5月结了果，10～11月母竹枯死。陈松河原将该竹定为坝竹，后发现该竹虽然与坝竹相似，但繁殖器官与近缘竹种有明显区别。经过一番比对，陈松河确认这是一个竹子新种，并于2007年11月将其命名并正式公布为葡匐镰序竹。当年的种子播种后，大部分栽植于厦门市园林植物园，少量交流保存于北京植物园、华南植物园、华安竹类园等地。

26 攀缘秋海棠

学名：*Begonia glabra*
科名：秋海棠科

🌲 植物小知识

　　秋海棠属在形态上从草本、木本到攀缘性都有，但基本都呈草本状，因大多数种类的花期集中在秋季，且花似蔷薇科的海棠，因而得名"秋海棠"。攀缘秋海棠是少见的多年生攀缘类秋海棠，其叶茎生，叶基部略歪斜，叶缘具不规则的锯齿，因为不像常见的秋海棠那样具有明显不对称的叶形，很多人都没想到它竟然是秋海棠科的植物。攀缘秋海棠的花白色，细小却很优雅。茎上没有卷须，能向上攀缘全靠茎节上的根，在合适的环境下，每个茎节均可生根，见缝扎根向上攀缘。奇趣植物区秋海棠馆里，随处可见它的身影，石壁、树干，甚至玻璃面上，都是它大展身手的地方。

🌿 攀缘秋海棠

🌿 攀缘秋海棠的花序

🐚 攀缘秋海棠的花苞

🌲 植物小故事

　　1690年法国传教士、植物学家Charles　Plumier将其在法属安的列斯群岛发现的一类植物，用该群岛行政长官Michel Bégon的姓氏命名为*Begonia*，植物学家Carl Linnaeus于1753年将该类植物命名为*Begonia*属，中文称之为秋海棠属。该属种类繁多，形态各异，花叶兼美，应用广泛，深受人们喜爱，是一个令植物学家和园艺学家都感到兴奋的类群，也是21世纪最具园艺开发价值的类群之一。目前全世界已知的秋海棠属植物已超过2000个原生种，主要分布在亚洲，其次是中南美洲和非洲。中国是秋海棠属在亚洲的一个分布中心，占有很重要的位置，主要分布于云南和广西等地。

27 大王秋海棠

学名：*Begonia rex*
科名：秋海棠科

🌲 植物小知识

大王秋海棠叶片硕大，形如象耳，叶面的凸起相当明显，坑坑洼洼好似蛤蟆的脊背，故又称"蟆叶秋海棠"。大王秋海棠的叶片基部偏斜，叶片明显不对称，让人一眼就可以分辨出它属于秋海棠科。大王秋海棠品种众多，叶形多样，叶色多变，有红色、紫色，还有红里透白、绿里透红的颜色，在低温条件下，叶色更加绚丽迷人，远远看去，一丛丛、一簇簇，仿佛是画家手里的调色盘，给人以强烈的视觉冲击。

大王秋海棠主要以观叶为主，但其实花的观赏价值也很高。花葶自叶丛中抽出，花淡粉红色到玫红色，多彩的叶色配上小清新的花朵，颜值瞬间爆棚。

大王秋海棠

大王秋海棠的花

🌲 植物小故事

　　大王秋海棠叶形繁复多变，花、叶绚丽缤纷，多以分株或叶插繁殖。说到叶插，不得不提起秋海棠叶片惊人的生命力，那简直就是细胞全能性的极致体现。多肉植物的叶插，一般都要求叶片完整，只有保留叶腋处的生长点完整，才能长出小苗。而秋海棠类植物却不一样，就算叶片被大卸八块，只要保留有一部分的主脉，就能扦插出完整的植株，简直就是组培快繁的极其简易版。

28 二歧鹿角蕨

学名：*Platycerium bifurcatum*
科名：水龙骨科

🌲 植物小知识

　　二歧鹿角蕨因其叶片顶端分叉呈凹状深裂，形如梅花鹿角，故得此名。二歧鹿角蕨是鹿角蕨属中最常见的品种，也是全球栽培历史最悠久的鹿角蕨，以观叶为主。二歧鹿角蕨有两种不同形态的叶子：一种为圆盘状、包裹着根系的营养叶，又称"不育叶"，它帮助植物贴附在树干或岩石上，并收集雨水、落叶以及从空中坠落的动物排泄物，从中获取水分及养分，每次新叶片长出来后会覆盖掉老叶片，因此层层叠叠像个鸟巢；另一种叶片，直立伸展或下垂，顶端分叉呈凹状深裂，这种叶片的背面末端会生长孢子囊群，因而这种叶称为"孢子叶"或"可育叶"。

二歧鹿角蕨

二歧鹿角蕨的孢子囊群

二歧鹿角蕨的营养叶

🌲 植物小故事

　　蕨类植物没有花朵和种子，它们靠细微的孢子繁殖，借助风力攀上大树，在高大的树干上寻得先机，开始了它们的生命历程。鹿角蕨是热带雨林的标志性旗舰物种之一，是附生型植物，通过根系和叶片，黏附在树干、枝条上。如果环境合适，也会附着在潮湿的，布满苔藓、地衣的岩石上生长。鹿角蕨属有18个种，均以株型奇特或叶型巨大而著称，是珍奇的观赏蕨类，是少数适于室内悬挂的热带附生蕨，是室内装饰的珍贵种类。

29

狭叶坡垒

学名：*Hopea chinensis*
科名：龙脑香科

🌲 植物小知识

　　狭叶坡垒的花萼有5枚裂片，覆瓦状排列，其中2枚明显增大，呈长椭圆形，好似2片对垒的屋瓦，故名"坡垒"。狭叶坡垒的坚果卵圆形，长约1.8厘米，内含1粒种子，2枚增大的萼片形成种翅，长约10厘米。狭叶坡垒树高可达20米，种子成熟后自然脱落，下落时2片种翅带着种子螺旋状飘落，像极了儿童玩具竹蜻蜓和纸风车。种翅除了借风飞行，还能起到降落伞的缓冲作用。虽然狭叶坡垒通过果翅借助风力帮助种子传播，但因果实较大，由风传播的距离并不远，常常还是落在母树附近。

🌿 狭叶坡垒

狭叶坡垒的种子

狭叶坡垒的花

🌲 植物小故事

　　狭叶坡垒有着重要的科研、经济、社会和文化价值。它是中国热带雨林的代表性树种之一，也是我国的特有种，仅分布于广西十万大山自然保护区。狭叶坡垒的木材材质坚硬，耐腐力极强，有"万年木"之称，可作军工、车船、机械和高级家具的用材，其树脂白色且具芳香气味，可作喷漆的原材料等。

　　由于狭叶坡垒分布区域狭窄，生长速度非常缓慢，生境要求特殊，种子传播半径小等因素，加上人类毁林开荒、过度采伐等原因，其野外种群数量日渐稀少。1997年广西植物研究所的植物专家对十万大山地区的狭叶坡垒资源蕴藏量进行了详细调查，野外的狭叶坡垒成年植株只有5162株。1999年狭叶坡垒被列为国家Ⅰ级重点保护野生植物。

30 团 花

学名：*Neolamarckia cadamba*
科名：茜草科

🌲 植物小知识

团花树型优美，树干笔直、健硕，树高可达30米，树干金黄色，直径可达80～120厘米，是良好的园林绿化树种。团花的花序呈圆球形，乒乓球大小，花冠黄白色，雌蕊向外突出，整个花序像一团毛茸茸的小球，十分可爱。团花的生长速度很快，木材为散孔材，耐腐性较差，且易受虫蛀，适合作火柴杆、牙签和浆粕原料。

 团花

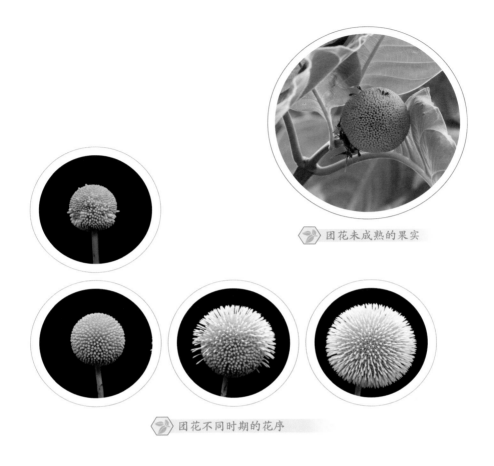

🌱 团花未成熟的果实

🌱 团花不同时期的花序

🌲 植物小故事

  在1972年的第七届世界林业大会上，团花树被各国专家公认为"奇迹式的树木"。它的奇迹在于它生长十分迅速，十龄以前的团花树，年平均高度增长2～3米，直径增长4.5～5.5厘米，是罕见的速生用材树种。而且它耐干热、耐瘠薄，能力惊人，被人们誉为"奇迹之树""宝石之树"，是发展人工造林最理想的树种。在厦门试种，1.5年生植株高达4.5米，胸径达8～12厘米，10年左右即可成胸径40～50厘米的大径级木材。

帝王凤梨

学名：*Alcantarea imperialis*
科名：凤梨科

🌲 植物小知识

　　帝王凤梨是大型的地生型凤梨，也是凤梨科植物中最霸气的一种。帝王凤梨叶丛挺拔，植株高可达1.5米，冠幅1～2米，叶片宽带状，长可达1.2米，宽10～14厘米，厚革质，莲座状排列。荫蔽的环境下叶片为绿色，而在阳光充足的环境下，叶片会晒出紫红色。经过8～10年的营养积累，帝王凤梨才能开出美丽的花。花期时，巨大的复穗状花序从叶筒中央抽出，高可达3.5米。相比其他凤梨科植物，帝王凤梨的小花也比较大，长约10厘米，花黄绿色，具清香，常引来蝴蝶、蜜蜂等为它授粉。帝王凤梨一生只开一次花，花谢后便会停止生长，但许多新的幼苗会不断地从基部长出。开花结果后，母株会将自身的养分输送给种子和侧芽，养分耗尽后母株便"寿终正寝"。

帝王凤梨

梅洛帝王凤梨

🌲 植物小故事

　　凤梨科植物中，只有地生型凤梨才拥有较大的根量，才能真正起到固定植株，从土壤中吸收水分和养分的功能。在原生地，地生凤梨一般都生长于开阔、温暖和阳光充足的地方。它们的叶片硬革质或肉质，叶缘往往长有刺状带钩的锯齿，以防动物的啃食和危害。但帝王凤梨与其他地生型凤梨科植物略有不同，虽然它的叶片也是厚厚的革质叶，可以抵御干旱，但叶缘却是光滑无刺的。因此在分类学上，曾经一度被归入以附生为主，生活在热带雨林中的鹦哥凤梨属 *Vriesea* 中。

圆切捕虫堇

学名：*Pinguicula cyclosecta*

科名：狸藻科

植物小知识

　　捕虫堇是一种食虫植物，其叶形、株形都像堇菜，因而得名。捕虫堇肉肉的叶片肥嫩多汁，大都呈现明亮的绿色或粉红色，莲座状的排列方式使其犹如一朵绽放的花朵。捕虫堇捕虫全靠叶片，每片叶子都是一张天然的"粘蝇纸"。它的叶片表面长有两种细小的腺毛，一种是有柄的腺体，能分泌黏液，粘住昆虫；另一种是无柄腺体，能分泌消化液，分解昆虫。大多数品种的叶片边缘向内卷起，这种凹形结构有助于防止猎物逃脱。不同的品种叶形也不同，通常呈水滴形、椭圆形或线形。

🌱 圆切捕虫堇

　　为了不误杀传粉昆虫，捕虫植物总是将花开在高高的花茎上，使繁殖器官远离捕虫陷阱。捕虫堇长长的花梗从莲座状中心抽出，可长多根花茎，一茎一花，花瓣常为紫色、蓝色、粉红色、白色或黄色等。

阿芙罗帝捕虫堇

苹果捕虫堇

🌲 植物小故事

  捕虫堇的植株较矮小，靠黏液捕食蚊子、蚂蚁等小型昆虫，苍蝇这样"力气大"的昆虫则比较容易逃脱。其叶片、花茎和花瓣背面有短短的腺毛，这些腺毛顶端能分泌黏液，并且能散发出一种诱惑猎物的气味。当昆虫来到叶面时，就被有柄腺毛分泌的黏液粘住，昆虫挣扎会刺激无柄腺毛分泌消化液，叶子的边缘受到感应，还会微微向内卷曲，把虫体包在里面。消化液分泌的多少，不仅与时间有关，还与捕捉到的昆虫大小有关。捕捉到的昆虫较大，腺毛分泌出的消化液就较多；捕捉到的昆虫较小，腺毛分泌出的消化液也较少。

33

阿帝露茅膏菜

学名：*Drosera adelae*
科名：茅膏菜科

🌲 植物小知识

　　茅膏菜全属约有244个原生种，分布于世界各地。其叶片淡绿色，叶形因品种而异，有的细长妖娆，有的短圆可爱。叶片边缘密布红色或白色的长腺毛，每根长腺毛的末端都挂着一颗晶莹剔透的"露珠"，并且散发出香甜的味道，在阳光下璀璨夺目。这些耀眼的光芒是"致命"的诱惑，茅膏菜正是通过这些"露珠"来诱捕猎物。叶片内侧还长有许多会分泌消化液的短腺毛。

阿帝露茅膏菜

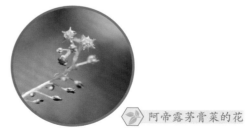

阿帝露茅膏菜的花

阿帝露茅膏菜的长腺毛

🌿 宽叶好望角茅膏菜

🌿 锦地罗茅膏菜

🌲 植物小故事

　　与猪笼草安静的陷阱式捕虫方式不同，茅膏菜是动态的黏着式捕虫。当昆虫被它分泌的香甜气息吸引过来，落在叶片上时，便会立即被长腺毛分泌的黏液粘住。出于本能，昆虫会不断挣扎，却被更多的黏液粘上，直至被黏液沾满全身，窒息而亡。在猎物挣扎时，叶片上猎物未触碰到的其他长腺毛，受到感应后也会向昆虫靠拢，叶片还卷曲起来，将猎物牢牢地抓住。有时，猎物太大难以制服时，周围的叶片也会"伸出援手"，贴向猎物，以提供更多的黏液与消化液。昆虫被消化、吸收后，含氮的营养物质就会通过叶片表皮细胞输送到植物体内，而难以消化的几丁质外壳则被留下。

34 查尔逊瓶子草

学名：*Sarracenia rubra* × *purpurea*
科名：瓶子草科

🌲 植物小知识

　　瓶子草的叶子有两种形态，一种是常见的瓶状叶，又称"捕虫叶"。有的种类瓶身较长，好像一支精致的试管；有的种类瓶身较短，好似一个茶壶。这些形态各异的瓶状叶不但是瓶子草的主要观赏部位，更是捕捉昆虫的"诱捕器"。到了晚秋，瓶状叶开始凋谢，植株会长出一种不具捕虫功能的剑形叶。这是因为冬季昆虫减少，天气转冷，植物的新陈代谢和其他功能减弱，此时把能量消耗在长捕虫叶是不划算的，剑形叶是比较经济的选择。春季的时候，瓶状叶丛中会伸出一支长长的花葶，花葶顶端开出一朵向下低垂、小碗似的红色花朵。

查尔逊瓶子草

查尔逊瓶子草的花

查尔逊瓶子草的叶

🌲 植物小故事

尽管瓶子草外形可爱，颜色艳丽，但千万不要被它美丽的外表所迷惑。它以虫子为食，是个貌似温柔实则冷酷的"杀手"。瓶子草捕虫的方法与猪笼草类似，瓶状叶是有效的昆虫陷阱，瓶盖与瓶口区有像花儿一样鲜艳的色彩或纹理，唇部还会分泌香甜的蜜汁，以色、味引诱昆虫前来。昆虫爬到唇部采食时，因内壁光滑而滑落"瓶"中，掉进消化液里。瓶体上部的内壁还具有倒刺毛，可以阻止昆虫从瓶中爬出来。溺死在消化液中的昆虫尸体溶解后转变为氨基酸等营养物质，由瓶壁吸收。

朱迪思瓶子草

黄瓶子草

35 巴拿马草

学名：*Carludovica palmata*
科名：环花草科

🌲 植物小知识

　　巴拿马草是来自中南美洲的多年生
草本或灌木，无茎或具短茎，具明显的
叶柄和宽大的掌状叶片，乍一看像棕榈
的幼苗。巴拿马草的花序大而奇特，整
个花序就像一根被苞片包裹着的玉米，
"玉米须"蜷缩在苞片里。这些卷须，
其实是雌花的花柱。巴拿马草的雌花、
雄花在同一花序轴上交替分布，雌花就
像还没长大的玉米粒，雄花则每3～4朵
聚集在"玉米粒"间的夹缝里。苞片完
全打开时，花柱倾泻而出，逐渐变直，
开始接受来自其他花序的花粉。2～3天
后，花柱开始脱落，露出下方已经成熟
的雄蕊，开始新一轮的花粉传播。等到
花粉散尽，雄花脱落，这时整个花序就
像一根裸露的绿色玉米棒子。种子成熟
后，果序开裂，露出鲜艳的红色果实。

🔰 巴拿马草

即将开放的巴拿马草花序

巴拿马草的花序

巴拿马草未成熟的果序

巴拿马草成熟的果序

🌲 植物小故事

　　奇趣植物区的巴拿马草于2015年栽培，2019年首次开花结果。巴拿马草的叶片纤维细长且富有韧性，用它编织的帽子，摸上去仿佛丝绸般柔软细腻。风靡全球的巴拿马草帽其实并非产于巴拿马，而是来自厄瓜多尔，是用巴拿马草（当地叫 *toquilla* ）制作而成的，草帽制作是厄瓜多尔特有的经济支柱产业。1913年，美国总统西奥多·罗斯福参加巴拿马运河开通仪式时，将当地人赠送他的草帽称为"巴拿马草帽"，从此巴拿马草帽声名大振，巴拿马草也因此而得名。

36

捕蝇草

学名：*Dionaea muscipula*

科名：茅膏菜科

🌲 植物小知识

　　捕蝇草的茎很短，叶柄扁平如叶片一般，常常让人误以为是叶子，所以也称作"假叶"。在假叶的顶端长有一个酷似贝壳的"捕虫夹"，这才是真正的叶子。它拥有捕捉昆虫的特殊功能，属于变态叶中的"捕虫叶"。"捕虫夹"的边缘长有一圈刺毛，从侧面看，就像长长的睫毛；"捕虫夹"内侧通常呈红色，这些颜色大多是消化腺腺体的色素，从正面看，"捕虫夹"好似牙尖齿利的血盆大口。"捕虫夹"内侧长有三对细刚毛，这是捕蝇草的感觉毛，用来判断昆虫是否到了适合捕捉的位置。捕蝇草独特的捕虫本领与酷酷的外形，使它成为备受人们喜爱的食虫植物。

捕蝇草

B52捕蝇草

异形捕蝇草

🌲 植物小故事

　　捕蝇草是一个聪明的捕猎者，小小的"捕虫夹"上处处是机关。捕蝇草的叶缘刺毛基部含有蜜腺，会分泌出蜜汁和黏液，叶面内侧有许多能分泌消化液的红色无柄腺体，通过色、香来引诱昆虫。昆虫被吸引进叶面，若在20～30秒内连续碰触到叶面内侧的两根感觉毛，说明昆虫差不多已经走到"捕虫夹"的内部，两片"夹子"就会迅速闭合起来，将昆虫夹住。这时叶缘刺毛紧紧相扣，交互咬合，刺毛基部分泌的黏液还有助于捕虫夹的黏合，整个捕虫夹成为一个牢笼，使昆虫无法逃走。在昆虫挣扎的过程中叶片会越夹越紧，同时，"捕虫夹"内侧密集的无柄腺体会分泌出消化液，将昆虫逐渐分解、吸收。

37 猪笼草

学名：*Nepenthes mirabilis*
科名：猪笼草科

🌲 植物小知识

猪笼草的叶片是一种典型的变态叶。人们以为的猪笼草的"叶片"，其实是形态学上的叶柄，真正的叶片是其末端形成的瓶状捕虫笼。

猪笼草为多年生藤本植物，"叶"末端有笼蔓，可攀缘。在笼蔓的末端会形成一个瓶状或漏斗状的捕虫笼，并带有笼盖，捕虫笼形似猪笼，猪笼草由此得名。一片新的"叶片"长出来时，笼蔓的末端便有一个捕虫笼的

猪笼草

雏形。初期，它的表面覆有一层细毛，而后细毛会逐渐脱落。捕虫笼一开始是扁平的，呈黄褐色，长到1～2厘米时，渐渐转为绿色或红色，并开始膨胀。在笼盖打开前，捕虫笼就已出现了其特有的颜色、花纹和斑点。笼盖打开后，笼口处的"唇"会继续发育，变宽变大，向外或向内翻卷，同时开始呈现色彩。猪笼草的每一个"叶片"都只能产生一个捕虫笼，捕虫笼枯萎了或损坏了，原来的"叶片"并不会再长出新的捕虫笼。

诺斯猪笼草

红唇虎克猪笼草

🌲 植物小故事

　　猪笼草是一个聪明的捕虫者。它的笼唇和笼盖色彩都十分艳丽，还会分泌香甜的蜜汁，以颜色和香味吸引昆虫前来"赴宴"；有时笼身外壁还会有两列突起的"笼翼"，可帮助不会飞行的昆虫爬到笼唇；笼唇湿滑，令昆虫边吃边滑入笼内；为防止昆虫逃脱，笼唇的内缘还有一圈锋利的"齿"。昆虫掉入笼内后，被里面的消化液所分解，为植物提供所需的氮素等养分。

斑苹果猪笼草

38 鳞茎铁兰

学名：*Tillandsia bulbosa*
科名：凤梨科

🌲 植物小知识

　　鳞茎铁兰刚引入国内时，花友们一般称其为"小蝴蝶"。因其形状酷似章鱼，也被叫作"章鱼"。学名中的"*bulbosa*"是指其具有球茎状的外观。鳞茎铁兰属小型短茎型种类，成年植株高10～20厘米，叶片盾状毛较少，仅在叶片基部有较明显的盾状毛附生，叶内略凹呈管状，以利于水分吸收。叶片基部抱合成壶状，中空。在原产地，蚂蚁就寄居在其中空膨大的叶鞘中，为寄主带来大量的有机碎屑、排泄物和小昆虫等的残体，它们分解后成为养分被寄主吸收；同时这些蚂蚁又可及时驱赶企图侵害和啃食鳞茎铁兰的生物。

鳞茎铁兰

鳞茎铁兰中空膨大的叶鞘可供蚂蚁寄居

 植物小故事

　　鳞茎铁兰是气生型凤梨科植物的典型代表，为了适应气生生活，它们的根系极度退化，只有在雨季能长出少量气生根，起固定和有限的吸收作用。吸收水分和养分的任务，全部落到叶片上。鳞茎铁兰叶片表面有银色的盾状毛，一则可以反射强烈的阳光，二则可以凝结空气中的水分，并通过盾状毛下的气孔加以吸收。这就是大多数气生凤梨外表呈灰白色的原因。这种只需要空气就能存活的特征，也让它们有了另一个名字——空气凤梨。在原产地，空气凤梨常挂于树杈、仙人掌、悬崖、岩石上，甚至在屋顶和电线上都能看到它们的身影。

39 蜻蜓凤梨

学名: *Aechmea fasciata*

科名: 凤梨科

🌲 植物小知识

凤梨科植物按照生活习性，可分为地生、附生和气生三大类型。蜻蜓凤梨属于附生类型，附生在热带雨林中的大树上。蜻蜓凤梨的叶子革质，长而宽，绿色的叶片上密被银灰色鳞片，形成绿灰相间的斑纹，尤为醒目。叶片呈莲座状排列，相互套叠形成一个滴水不漏的储水"筒"。蜻蜓凤梨的穗状花序粗壮、直立，尖尾状的粉色苞片如喷泉般绽放，每个苞片中都有一朵蓝色小花，开放时犹如一只只可爱的蓝蜻蜓在花间嬉戏，粉蓝相映，动静成趣。

蜻蜓凤梨

蜻蜓凤梨的花初开为蓝色

蜻蜓凤梨的花谢后呈红色

🌲 植物小故事

　　大多数的附生型凤梨，都有一个由叶片交叠而成的中央"水槽"，可以储水，满足凤梨生长所需。正因为这个特性，人们将这类凤梨称为"积水凤梨"。积水凤梨是雨林中动植物和谐共生的典范。叶槽所积的水不仅可以为植物自身提供水分，还可以为一些昆虫和小型的树蛙类动物提供栖息场所，而这些寄宿者的粪便，又是积水凤梨的养料。叶槽里的昆虫和蛙类还会引来其他的捕食者，如蛇类甚至是灵长类动物，它们都会在积水凤梨的叶槽中寻找食物。因此，依托于积水凤梨的生态链，在热带雨林的生态系统中具有重要的功能。

40 垂枝暗罗

学名：*Polyalthia longifolia* 'Pendala'
科名：番荔枝科

🌲 植物小知识

　　垂枝暗罗原产于印度、孟加拉国、斯里兰卡等南亚、东南亚热带地区。它的主干高耸挺直，高可达8米，树形优美，因枝叶柔软且下垂，故名"垂枝暗罗"。远远望去，整株树木酷似佛教中的尖塔，故又被称为"印度塔树"。其嫩叶初时呈铜褐色，后渐渐变为深绿色；叶长披针形，边缘波浪状。花簇生，黄绿色，具芳香，花瓣带着肉肉的质感，通常六枚，整朵花看起来像个六角星。垂枝暗罗的幼果为青绿色，形如橄榄，成熟后果皮呈紫黑色。

🌿 垂枝暗罗

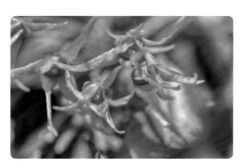

垂直暗罗的花

垂枝暗罗的叶子

🌲 植物小故事

　　在佛教盛行的地方，印度塔树被当成神圣的宗教植物种于寺庙周围。印度阿育王为弘扬佛法，在世界各地广建佛塔供养舍利，印度塔树亦被称为"阿育王树"。

　　在自然环境下，其他植物的枝叶都是向上、向外延伸，以争夺阳光和空间，而印度塔树却反其道而行之，枝叶垂拢。印度塔树的株形奇特而优美，在印度及东南亚等热带地区属高档绿化树种，20世纪80年代末厦门地区开始引种栽培，但因其枝叶密不透风，常常被台风拦腰折断，故现在厦门栽培不多。

41 玉 蕊

学名：*Barringtonia racemosa*
科名：玉蕊科

🌲 植物小知识

　　玉蕊，一般在春末夏初的夜晚开花，花序很长，俯垂，可达70厘米或更长。花朵乳白色，具香味，淡红色的雄蕊呈放射状，犹如喷泉，犹如焰火，又好似毛茸茸的粉扑。满树的花穗则像一串串珠帘，十分美丽。玉蕊只有到了夜晚才会开花，开花时如同一场持续数小时的"焰火秀"。第二天清晨花就谢了，但整棵树的花期可长达半年之久。玉蕊的果实较大，长5～7厘米，直径2～4.5厘米，但很轻，有一层很厚的纤维质的外果皮。这使得果实具有很大的浮力，成熟后可以顺水漂流，从而完成种子的传播。因其花朵成穗，果形好似我国古代木质棋盘的支撑脚，故被称为"穗花棋盘脚树"。

玉蕊的花

玉蕊的果实

🌲 植物小故事

　　大多数植物都是白天开花，可是偏偏有些植物就是要在傍晚或晚上开花。其实，植物夜间开花是自然选择和植物进化的结果，有的是由传粉媒介的特性导致，如灰莉、玉蕊等依靠夜间活动的飞蛾、蝙蝠等动物来传粉的虫媒花；有的是由原生地的环境导致，特别是生长在沙漠地区的植物，为了躲避白天的炎热而选择夜间凉爽时开花，如仙人掌科的武伦柱。当然，大多数情况是二者复合的原因，毕竟在沙漠地区，白天也没有多少传粉者会出来。夜间开放的植物，花朵大多颜色较浅，因为它们不需要靠鲜艳的颜色来吸引昆虫；而花朵却大多气味浓烈，以吸引夜间活动的昆虫。它们是夜行性昆虫重要的蜜源植物。

42

中粒咖啡

学名：*Coffea canephora*
科名：茜草科

中粒咖啡

🌲 植物小知识

每年3月，中粒咖啡的叶片基部会冒出一簇簇洁白的花朵，花小而密，散发着茉莉花的清香。中粒咖啡的果实近球形，成熟时鲜红色，密密麻麻地挂在树枝上。浆果的外果皮薄而硬，膜质，味微苦，中果皮肉质，甜甜的果肉中含着一对淡黄绿色的种子，即咖啡豆。每一粒果实有两颗咖啡豆同时生长。受果实大小的限制，逐渐长大的两粒咖啡豆彼此接触的那一面，会在挤压下变得扁平，这就是咖啡豆独特形状的成因。偶尔，果实里只有一粒咖啡豆，因为没有另一粒的挤压，这粒咖啡豆会长成圆形，俗称"珠粒"。

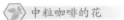
中粒咖啡的花

🌲 植物小故事

咖啡豆经过脱胶、水洗和干燥之后，成为颜色发绿的咖啡生豆，烘焙后即为制作饮品的咖啡。咖啡属植物中可制作商品咖啡的有四种：大粒咖啡、中粒咖啡、小粒咖啡和高产咖啡（被认为是大粒咖啡的亚种）。生产性栽培的主要为小粒咖啡和中粒咖啡，其栽培面积，小粒咖啡约占80％，中粒咖啡占20％。

人们熟悉并喜爱的咖啡风味，来自咖啡豆成熟过程中合成的糖分和其他化合物。世界闻名的猫屎咖啡是人们从麝香猫的粪便中把它消化不了的咖啡豆挑选出来，加工而成的。

中粒咖啡的果实

43 星油藤

学名：*Plukenetia volubilis*
科名：大戟科

🌲 植物小知识

　　星油藤又称"南美油藤"，原产南美洲的热带雨林，是多年生木质藤本，长可达3米以上。果实为四角、五角或六角星形，每个果瓣内含有1粒种子，种子含油量高达40%～50%，而且是优质的不饱和脂肪酸，因此得名星油藤，又名南美油藤。星油藤种子油可以食用，并且含有丰富的维生素E及多酚类物质，有抗氧化、清除自由基的作用。

　　星油藤雌雄同株，几乎全年都能开花结果，产油量及油脂品质远高于茶籽油和橄榄油等，是一种用途多、见效快、效益高的新优油料植物。

星油藤

星油藤的果实

星油藤的干果

星油藤的花

🌲 植物小故事

星油藤在南美洲已被当地原住民应用了三千多年，最初由印加人将其由野生种驯化为家种，故星油藤又称为印加果。2006年，时任全国人大常委会副委员长、中国科学院院长的路甬祥院士出访秘鲁时，秘鲁以星油藤的种子为珍贵礼物相赠。回国后，路甬祥将种子交由中国科学院西双版纳热带植物园试种、繁殖，希望能在当地开花结果，造福当地农民。西双版纳热带植物园不负众望，成功种植了星油藤，并开发利用星油藤种子累积 ω～3脂肪酸的特殊功能基因，通过转基因技术对我国主要油料作物（如油菜、花生等）进行遗传改良，改善其种子亚麻油酸的含量，以提高我国食用油的品质。

44 依 兰

学名：*Cananga odorata*
科名：番荔枝科

🌲 植物小知识

依兰株高可达20米，是一种稀有的木本香料植物。依兰花数朵丛生，花朵向下垂，花瓣又长又窄，外层有六大瓣，里层有三小瓣，成熟时颜色会由绿色转为黄色，绽放时犹如章鱼爪。

依兰花具有浓郁的香气，可蒸馏提制高级精油，称"依兰油"或"加拿楷油"。鲜花出油率达2%~3%，以黄色花朵萃取的淡黄色精油为最佳，具有独特的芳香气味，可以让人放松神经系统，使人感到欢愉，纾解焦虑、恐慌的情绪。

依兰

🌿 依兰的花序

🌿 小依兰的花

🌲 植物小故事

依兰原产东南亚，我国福建、台湾、广东、广西、云南、四川等地有栽培。依兰是珍贵的香料工业原材料，有"世界香花之冠"的美誉，也是一种用途很广的重要的日用化工原料。用它提炼的"依兰依兰"香料，是当今世界最名贵的天然高级香料和高级定香剂，广泛用于香水、香皂和化妆品等，因而它又被称为"香水树"。

奇趣植物区还种有同属的小依兰（*Cananga odorata var. fruticosa*），植株为灌木状，高约2米，也是一种香花植物，也可以提制高级精油作为日用化工原料，但花较依兰小，香气也较依兰淡。

🌿 小依兰

45 桃花心木

学名：*Swietenia mahagoni*

科名：楝科

🌲 植物小知识

桃花心木是世界上最名贵的木材之一，它的心材最初为浅红褐色，有点像桃花的颜色，因而得名。随着时间的推移，其心材的颜色会慢慢变成深红棕色，且径切面具有美丽的条状花纹，随着树枝分叉又转变为螺旋式花纹。桃花心木木材纹理紧密，密度大，抗腐蚀性强，其独特的香味还有防白蚁的功能，十分符合顶级家具的重要择材标准。

桃花心木生长周期较长，对生长环境要求苛刻，而热带雨林特有的土壤和气候条件，令桃花心木根深叶茂，基部扩大成板根，径级可达4米，高度可达25米以上，是优良的用材树种。

🌱 桃花心木

桃花心木的叶

🌲 植物小故事

　　桃花心木木材色泽优美，质地温润，用桃花心木制作的家具，一直是欧洲皇室身份的象征。桃花心木原产南美洲，数百年来的过度开发，导致该树种资源几近枯竭，于1998年被世界自然保护联盟（IUCN）列为EN（濒危）物种。

　　如今市场上被称为桃花心木的木材种类繁多，主要是塞纳加楝、非洲桃花心木和大叶桃花心木等树种。依照国家标准，仅桃花心木属树种的木材才可称为桃花心木。桃花心木属共有八种乔木，奇趣植物区这棵就是真正的桃花心木，是厦门市园林植物园建园初期从南洋群岛引进的，如今已快60岁，但树高不是很高，而且从未开花结果。如此高龄的桃花心木，国内并不多见。

46 铁刀木

学名：*Senna siamea*
科名：豆科

🌲 植物小知识

　　铁刀木，如此强悍的名字，源于它的材质坚硬，刀斧难入。铁刀木在中国的栽培历史十分悠久，其高可达10米，秋季开花时成团成簇的黄色花序缀满枝头，叶茂花美。铁刀木的蘖发能力非常强，主干砍掉后，第二年还能长出新的主干，不仅如此，还会越长越多。因为越砍生长越旺，被当地群众戏称为"挨刀树""千刀万剐树"。又因心材呈乌黑色，被称为"黑心树"。铁刀木生长迅速，再生力强，枝干易燃，火力旺，云南大量栽培作薪炭林。

铁刀木

🍃 铁刀木的果实

🍃 铁刀木的花

🌲 植物小故事

　　铁刀木不仅颜值高，而且用途广。其材质致密坚硬，耐水湿，不受虫蛀，为上等家具原料。老树心材为黑色，纹理美，可用于乐器装饰。其树皮、荚果含单宁，可提取栲胶。枝上可放养紫胶虫，生产紫胶。紫胶是紫胶虫吸取寄生树的树汁后分泌出的紫色天然树脂，又称虫胶、赤胶、紫草茸等，是重要的工业原料，用途非常广泛。

47

酸　豆

学名：*Tamarindus indica*

科名：豆科

🌲 植物小知识

酸豆

　　酸豆又称"酸角""酸梅""罗望子"，原产东部非洲，是一种热带果木。酸豆的果实为荚果，棕褐色，直或弯拱，有时中间不规则缢缩，味道酸中带甜，因而得名。根据口感的不同，分为甜型和酸型两个类型，俗称"甜角"和"酸角"。其花蜜也略带酸味，是很好的蜜源植物。酸豆树体强壮，枝条柔韧，抗风力很强，适于海滨地区种植。其心材呈黑红色，材质重而坚硬，纹理细致，是良好的材用树种，素有"东方神树"之称。酸豆的叶、花、果均含有一种酸性物质，可作染料。

 酸豆的花

 酸豆的果实

🌲 植物小故事

　　酸豆树是海南省三亚市的市树。在海南、云南等热带地区，剥开硬壳，里面是黑色的果肉。果肉酸甜可口，富含钙、磷、铁等元素，可生食也可熟食，可制酸豆汁、酸角糕，也可作蜜饯或各种调味酱及泡菜。

48 / 土沉香

学名：*Aquilaria sinensis*
科名：瑞香科

🌲 植物小知识

土沉香主要分布于广东、广西、海南、台湾及云南等省区。因果实形似小鸭或耳环，故又有"鸭仔树"和"耳环树"之称。土沉香全身是宝：木材带有香气，木质部可提取芳香油，花可制浸膏；老茎受伤后产生的树脂，俗称"沉香"，是我国传统名贵中药材和上等天然香料；树皮纤维柔韧、洁白、细致，可做高级纸原料及人造棉。

土沉香是我国二级保护植物，经济价值高，生长慢，盗砍严重，IUCN（世界自然保护联盟）将其列为易危（UV）物种。目前，我国药用沉香大多依靠进口，价格十分昂贵。

 土沉香

土沉香的花

土沉香的果实

🌲 植物小故事

　　土沉香与香港有着一段极深的渊源。历史上东莞盛产土沉香，当地人早已知晓沉香可作中药，又是制作多种香的主要原料。东莞一带所产的这种香料最有名，人称"莞香"，故土沉香又称"莞香树"。现在的香港新界沙田、大屿山等地，古时候归属东莞，亦产莞香。当时莞香多数先运到香（埗）头（今尖沙咀），后用小艇运至港岛南边的石排湾，再转运广州，而后行销北方，远至京师。莞香所经之地，多被冠以"香"字：集中莞香的码头叫香头；运莞香出口的石排湾，被称为香港仔、香港围。大量莞香堆积在码头，香气弥漫整个港口，"香港"之名由此而来。而莞香的生产，自清康熙年间海禁迁界后逐渐衰落，如今香港地区野生土沉香十分少见。

49

檀　香

学名：*Santalum album*
科属：檀香科

🌲 植物小知识

　　你知道吗？大名鼎鼎的檀香竟然是"好吃懒做"的寄生性植物。檀香种子萌发后，先靠自己的胚乳提供养料，等长到8～9对叶片时，养料就用完了。这时它的根上就会长出一个个圆形吸盘，紧紧地吸附在它身旁的植物根系上，从它们的根部汲取水分、无机盐和其他营养物质。如果找不到可吸附的植物为它提供养料，它就会因缺乏养料而长不起来，甚至会慢慢死亡。其实，檀香树自己可以进行光合作用，根也能从土壤中吸取少量营养，但它自己制造和吸收的养料满足不了生长的需求，主要还是靠汲取寄主植物的营养而活，因此植物学家把它叫作"半寄生植物"。

🌱 檀香

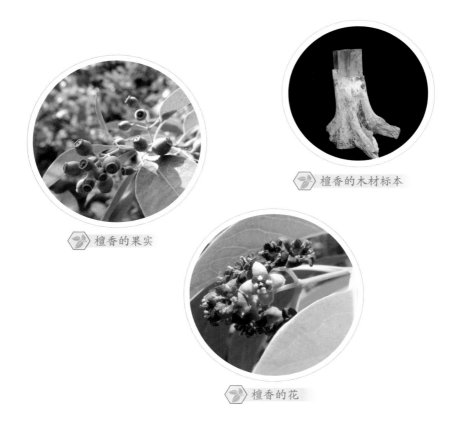

檀香的果实

檀香的木材标本

檀香的花

🌲 植物小故事

　　檀香树之所以被称为"黄金之树"，是因为它全身是宝，每个部分的经济价值都很高，集芳香、药用、材用于一身。檀香树生长极其缓慢，通常要数十年甚至上百年才能成材，而且只有心材部分能持久散发香味。檀香树产量低，人们对它的需求量又很大，因此从古到今它都是既珍稀又昂贵的木材。中国的天然檀香木早在明清时期就已经被砍伐殆尽，现在国内的檀香木都依赖进口。如今全球仅印度、汤加、斐济和澳大利亚尚有天然檀香木，但这些国家均有严格的保护措施和高额关税限制出口，因此，市面上的檀香木难得一见。

50 / 望天树

学名：*Parashorea chinensis*
科名：龙脑香科

🌲 植物小知识

纵观中国境内的树木"巨人"，位居榜首的当属望天树。望天树树形挺拔，树干高耸笔直，可达60米，有20多层楼高。它的树冠展开呈云层状，宛如大地撑起的一把巨伞，让人仰首张望也难以看到树顶，因此得名。望天树之所以能凌驾于雨林之上，是因为它有强劲的板根系统和发达的输导组织。望天树的果实有五片果翅，挂在树上像一串串带着尾羽的风铃，十分可爱。果实脱落时，果翅朝上，果实如同皇冠一般旋转着降落，保护种子安全着陆。望天树落叶丰富，水土保持能力强，有防治水土流失的作用。望天树对研究中国的热带植物区系有重要意义，已被列为国家Ⅰ级重点保护野生植物。

望天树

 望天树的叶子

望天树的种子

🌲 植物小故事

　　1975年，以蔡希陶、裴盛基、李延辉等我国著名植物学家组成的云南省林业考察队深入密林，在西双版纳的森林沟谷深处发现了一片前所未见的高大树冠群，并确定这是一个以前没有发布过的新物种。同一时期，广西的植物学家也在广西境内发现了这种巨树，命名为"擎天树"。最终，裴盛基教授团队与擎天树定名人协商，一致同意将"望天树"作为其中文名。

　　望天树多成片生长，组成独立的群落，形成奇特的自然景观，被视为热带雨林的标志树种。望天树的发现，打破了国际上认为"中国境内没有热带雨林"的武断论调。

紫 竹

学名：*Phyllostachys nigra*
科名：禾本科

🌲 植物小知识

　　紫竹是传统的观秆竹类，因其茎秆紫黑发亮，又叫"乌竹""黑竹"等。其实，紫竹生长初期茎秆颜色并非紫色，而是和普通的竹子一样是绿色的，茎秆上密被柔毛和白粉。一年以后，茎秆逐渐出现紫斑，最后全部变为紫黑色，细毛也逐渐脱落。紫竹是散生竹，高4～8米，直径约5厘米。紫竹虽然个子高，但"外强中干"，虽然表面比较坚硬挺拔，但剖开一看，里面基本中空，并不像树木那样有一圈一圈的年轮。紫竹与甘蔗经常被人混淆，这么看，紫竹还不如甘蔗"有料"呢。

　　紫竹是优良园林观赏竹种，可与黄槽竹、金镶玉竹、斑竹等不同色彩的竹种同植于园中，增添色彩变化。

🌱 紫竹

130

 紫竹的叶

紫竹的秆

🌲 植物小故事

一般的植物，开花是一件美好的事，紫竹却不一样，因为一旦它开花，就代表它的生命走到尽头了。紫竹是一次开花植物，它的一生只开一次花，开花后叶、秆枯黄，地下茎也会逐渐变黑，失去萌发的能力。也就是说，开花是紫竹衰老的表现，是它生命即将画上句点的信号。不过也不用太为紫竹伤怀，一般的紫竹寿命为40～80年，虽然开花后它们的地下茎无法萌芽了，但花谢后会结出种子，即竹米，而竹米萌发后就意味着新的紫竹的诞生。

52 舞 草

学名：*Codoriocalyx motorius*

科名：豆科

🌲 植物小知识

　　舞草俗称跳舞草，原产地为印度等国家，我国福建、江西、广东、广西、四川、贵州、云南及台湾等省区有栽培，是一种神奇而有趣的小灌木。它的叶片为三出复叶，顶生叶较大，长5.5～10厘米，顶生叶两侧各有一片3厘米左右的线形小叶。其侧生小叶能随着温度、光照和声波的变化而旋转、舞动，因而得名。它是自然界中唯一能够对声音产生反应的植物，受声波刺激时，小叶会不断地上下摆动。舞草有两种，分别为舞草和圆叶舞草，区别在于叶片：舞草顶生小叶为长椭圆形或披针形，圆叶舞草顶生小叶为倒卵形或椭圆形。

🌱 舞草

舞草的叶

舞草的果荚

🌲 植物小故事

　　科学研究表明，舞草起舞的原因主要与温度、阳光和声波感应有关。舞草侧生小叶叶柄处的细胞里有一种海绵体，这种海绵体对中低频率的声音有共振作用。当晴天气温达到24℃以上，环境中有35～40分贝的歌声或有一定节律的音乐响起时，一对对小叶就会随着声波的变化而转动、跳跃，转动幅度竟然可达180°以上。不过，在频率太高的声音环境下，舞草反而不为所动。所以，如果想通过唱歌来刺激舞草跳舞的话，一定要记得选些优美、悠扬的歌曲。

舞草的花